NASA 연구원에게 배우는

중학 과학 개념 65

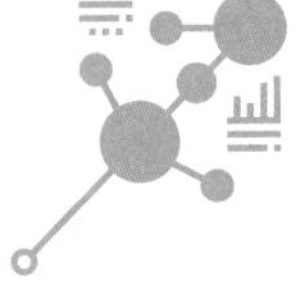

NASA
연구원에게
배우는
중학
과학 개념
65
재미있고 유쾌한 수다 속에 꼭 필요한 과학 개념이 쏙쏙!
가장 쉽게 익히는 중학 핵심 과학
케이티 메키시크 지음 | 서효령 옮김

매직
사이언스

차례

피오나에게

엄마처럼 쉽게 즐거워하는 사람이 되길

들어가며

나는 매일 놀라운 일을 한답니다. 예를 들자면 한 잔의 차를 만드는 거죠. 우선 물을 분자의 힘이 액체 상태를 벗어나 증기가 되려고 하는 지점까지 끓이고, 마른 찻잎을 넣은 뒤 카페인을 비롯한 화학물질이 우러나기를 기다려요. 또 자동차를 운전하지요. 자동차는 수백만 년 전 해양 플랑크톤이 저장한 에너지를 폭발시키며 앞으로 나아가요. 식료품 상점에서는 지구에서 1억 5,000만 킬로미터 떨어진 곳에 위치한 별의 빛을 이용해 키워 낸 농작물을 사지요.

그러면서 쉼 없이 주변 공기를 들이마셔요. 마신 공기 속에 있던 산소 분자는 혈관에 전달되고 혈관 속 적혈구는 산소 분자를 업고 다른 여러 세포로 운반하지요. 일부는 뇌로도 가요. 뇌세포는 산소를 이용해 신경세포가 시신경으로부터 정보를 받아 눈으로 입력된 이미지 조각들을 합쳐서 볼 수 있게 한답니다.

이 모든 게 평범한 일상이에요. 하지만 이 책에서 모든 활동을 하나하나 파헤치진 않을 거예요. 그럴 만한 시간도 없고요. 효율을 따진다면, 어떤 일은 그냥 당연하게 받아들이는 게 나아요. 그러나 일상에서 한 걸음 물러나 우리가 매일 경험하는 아주 사소하지만 굉장한 일에 대해 찬찬히 생각해 보면 즐거울 거라 장담해요.

이제부터 이 책을 통해 65개나 되는 항목을 차근차근 살펴보기로 해요. 그 과정에서 원자는 무엇으로 이루어져 있는지, 전파는 얼마나 빠르게 우리를 지나가는지, 뇌를 왜 100퍼센트 신뢰할 수 없는지 알게 될 거예요. 어떤 것도 당연하게 받아들이지 말자고요. 잘 생각하지 않던 일을 차근차근 뜯어보고 무심코 지나치던 주변을 자세히 살펴보기로 해요. 그럼 시작해 볼까요? 분명 재미있을 거예요!

원자: 엄청나게 작은 구성 요소

아마 여러분은 원자를 당연하게 여길 거예요. 여러분의 몸과 지금 앉아 있는 의자, 물병 속 액체, 숨 쉬는 공기 등의 질량이 원자로 이루어졌다고 생각할 테고요. 그래도 괜찮아요. 사람들은 다 그러니까요. 세상의 밑바탕을 만드는 아주 작은 구성 요소와 그 요소가 만들어 내는 신기한 일을 무심코 보아 넘기죠. 그 요소는 놀라울 정도로 작아요. 그리고 사람들은 보이지 않는 것은 인식하지 못하고 그냥 넘기기 쉽죠. 그러니 이건 순전히 너무 작은 원자 탓이에요.

하지만 잠깐만이라도 주변의 모든 물질이 무엇으로 이루어져 있는지 생각해 보세요. 여러분의 피부와 소파와 강아지를 떠올려 봐요. 전부 작고 아주 작은 원자atom로 구성되어 있지요. 너무 작아서 눈으로 볼 수 없는 것들(집먼지 진드기dust mite, 세균bacteria, 바이러스virus)과 너무 커서 거리를 가늠할 수 없는 것들(멀리 떨어진 별, 먼지투성이 성운dusty nebula, 소용돌이치는 은하galactic swirl) 역시 마찬가지예요. 따지고 보면 모두 원자랍니다. 우리 역시 그래요. 여러분은 이 장에서 원자가 무엇이고 어떻게 작용하는지에 대해 알게 될 거예요. 자, 시작해 보죠.

우리는 무엇으로 이루어졌을까?
원자에 관한 특종

잠깐 앞 이야기로 돌아가 볼게요. 음, 어쩌면 '잠깐'보다는 좀 더 걸릴지도 모르겠군요. 원자는 우리 주변의 물질을 구성하는 구성단위예요. 그 중심에는 여러 개의 작은 조각으로 이루어진 핵nucleus이 있어요. 핵을 구성하는 조각은 양성자proton와 중성자neutron인데, 터무니없을 정도로 작은 입자이지요. 원자핵 주위에는 원자핵을 빙빙 도는 전자구름이 있어요. 그 안의 전자electron는 딱 1개일 수도, 수십 개일 수도 있답니다.

원자를 구성하는 핵과 전자의 크기를 실제와 같은 비율로 그린다는 건 쉽지 않아요. 예를 들어 핵이 이 문장 끝에 찍힌 마침표(.) 크기라면 전자는 핵에서 9.75미터까지 떨어진 구름 속을 돌고 있거든요. 따라서 이 원자 주위의 전자가 운동하는 공간의 전체 폭은 19.5미터가 되죠. 나에겐 이렇게 큰 종이가 없답니다.

이 부산스러운 전자는 각 원자의 경계를 만들어요. 사실 원자의 움직임과 다른 원자와의 상호작용을 결정하는 건 전자랍니다. 전자의 행동 방식과 특성대로 원자가 움직이기 때문이에요.

노트북의 자판을 가볍게 두드릴 때 손가락의 피부는 네모난 플라스틱과 접촉해요. 이때 피부 세포의 원자들과 플라스틱의 원자들이 서로 밀어내는 지점에 도달하며 짓눌리는 것을 느낄 수 있지요. 나는 자판을 친다고 생각하지만 실제로는 원자들이 어색하게 만나는 거예요. 사실 손가락의 원자와 노트북의 원자는 서로 전혀 닿지 않아요. 그보다는 각 원자 속을 빙빙 도는 전자들이 각각의 음전하negative charge 때문에 서로 밀어내는 지점까지만 가까워지는 거지요. 이를테면 서로 다른 자석 2개를 맞닿게 했을 때 일어나는 현상처럼요.

원자 기준으로 말하자면 우리는 어떤 것과도 절대 접촉하지 않는 거예요. 그저 전자들이 온종일 서로를 밀어내고 있을 뿐이지요. 심지어 지금 여러분과 여러분이 앉아 있는 의자 또는 서 있는 땅(어떤 자세로 이 책을 읽고 있는지 모르겠네요.) 사이도 약간 비어 있어요. 쉽게 말해 우리는 떠다니는 셈이죠. 굉장하지 않나요?

더욱 놀라운 것은 자판과 손가락(과 그 밖에 모든 것)을 구성하는 원자들은 대부분 거의 텅 비어 있다는 거예요. 우리를 구성하는 '물질'은 놀랍게도 실재하는 것이 거의 없지요. 이해하기 어려울 수도 있어요. 우리가 감지하는 모든 것은 확실히 채워진 것처럼 보이니까요. 손과 벽, 털 슬리퍼. 모두 아주 단단한 물질이라고 확신하는 것들이죠. 하지만 이들도 공간이 많은 원자들로 이루어져 있어요. 그렇다고 우리가 흔히 비어 있다고 확신하는 공기에 빗대어 '공기 같은' 원자라고 부를 수도 없답니다. 왜냐하면 공기 속에도 역시 또 다른 원자들이 있거든요.

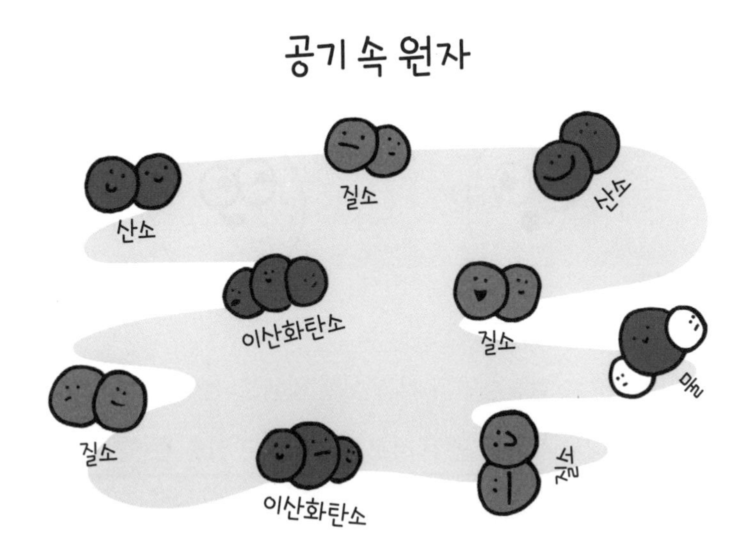

우리는 너무 바쁘기 때문에 매초마다 하던 일을 멈추고 원자에 감탄하고 분자molecule(원자들이 특정하게 모여 있는 집단)를 경이로워하기는 쉽지 않을 거예요. 하지만 매일 원자에 대해 생각해 보기를 바라요. 이 작은 꾸러미 속은 놀라운 것들로 가득 차 있어요. 원자가 너무 작은 탓에 잊기 십상이지만, 우리가 주변을 경험할 수 있는 건 원래 원자의 움직임 때문이에요. 원자 없는 여러분은 말 그대로 아무것도 아니랍니다.

원자를 어디에서 얻지?
먹어야 하는 이유

"내가 먹은 음식이 내가 된다"라는 말을 들어 본 적 있나요? 우리가 매일 먹은 음식이 세포를 만들고 그게 곧 나라는 말이죠.(그러니까 나를 구성하는 게 음식이 아니라면 뭐겠어요?) 그런데 좀 더 곰곰이 생각해 보면 재미있답니다. 피부에서부터 뼈, 두개골 안의 물렁물렁한 뇌까지 우리의 몸을 찬찬히 떠올려 보세요. 그것들은 모두 어디에서 왔을까요? 더 정확히 말하자면, 그 모든 원자는 어디에서 얻었을까요?

여러분은 엄마 덕분에 이미 원자로 구성된 몸으로 태어났지만 그 이후로는 매일 먹고 마시는 것에서 원자를 얻고 있어요. 정신없이 지내다 보면 이 사실을 잊기 쉽지요. 점심을 먹으러 갈 때 내 몸에 원자

가 필요하다는 생각보다는 배가 고프다는 생각이 앞설 거예요.

하지만 스스로에게 실망하지 않아도 괜찮아요. 원자는 무시하기 쉬우니까요. 여러분은 몸속을 통과하는 음식물을 느낄 수 있고(특히 변기와 시간을 보낼 때), 간식의 효과를 바로 느낄 수도 있어요. 카페인을 마시거나 단 걸 먹으면 힘이 솟지 않았나요? 또 맛있는 밥으로 식욕을 채운 적도 있겠지요. 그런데 먹고 마신 이 음식은 정확히 무엇을 하는 데 쓰일까요?(빈 배 속과 창자에서 꼬르륵 소리가 나지 않게 하는 일 말고요.)

사실 우리에게 정말 필요한 건 음식 속, 원자와 원자 간 결합에 저장된 에너지예요. 뼈를 만들기 위해서는 칼슘이 필요하고 뇌에서 신경세포 사이에 전기 자극을 보내기 위해서는 나트륨이 필요하지요. 적혈구의 산소 운반을 돕기 위해서는 철이 필요하고요. 또 여러 세포가 다양한 일을 하는 데 필요한 에너지를 얻으려면 원자들이 특정한 순서로 늘어선 당(糖)이 필요하답니다.

딸이 갓 태어나 먹을 수 있는 게 모유뿐이었을 때 아이의 몸속에 있는 모든 원자가(태어난 후 들이마시는 산소 원자를 제외하고) 나에게서 왔다는 사실에 감탄하곤 했어요. 딸의 몸은 내가 임신했을 때 먹은 음식으로 만들어졌고, 뼈에서 빼낸 칼슘처럼 내가 저장해 놓은 것에서 얻어낸 원자도 있었죠. 딸은 세상 밖에 나와서도 하루에 몇 번씩 모유를 먹으며 여전히 나에게서 원자를 가져가 몸을 만들었지요. 이제는 많이 컸고 체면이 있어서 애플 소스와 치리오스 시리얼, 스트링치즈 등 다른 곳에서 원자를 구하지만 한동안은 엄마뿐이었어요. 나는 아이에게 모든 것을 갖춘 '아텀저러스[1]'였어요.

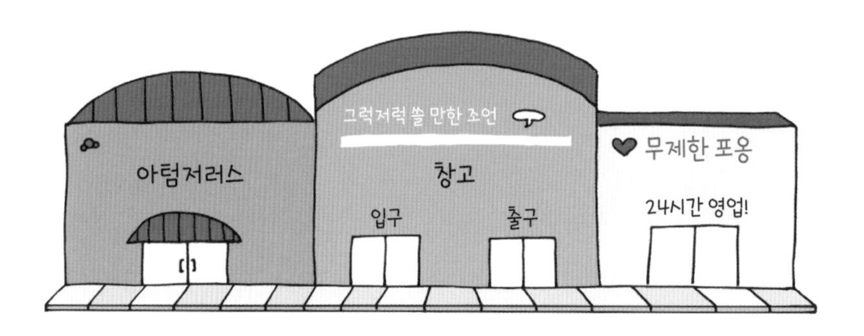

1) 지은이 자신이 모든 원자를 갖춘 원자 상점이라는 의미로 장난감 가게인 '토이저러스'에 재밌게 빗댄 것_옮긴이

여러분이 원자를 어디에서 얻든, 그건 빌려온 것일 뿐이에요. 원자는 절대 없어지지 않으니까요. 지금 내 몸속에 있는 원자들은 내가 태어나기 전부터 세상에 존재했고, 내가 죽으면 다른 데로 옮겨 갈 거예요. 이 원자들은 (내가 먹은) 식물이나 동물을 이루고 있었고 그 이전에는 공기와 토양 속 그리고 거슬러 올라가 이 행성의 초창기 생물에 있었지요. 피부 세포에 있는 탄소 원자는 한때 공룡의 일부였을 수도 있어요. 간에 있는 산소 원자는 한때 삼엽충에 있었을 수도 있고요.

지구에 첫 세포가 등장해 행성을 빛내 주기 전까지 원자는 어린 지구를 구성하는 요소였고 그보다 일찍이는 초기 태양계를 빙빙 도는 우주먼지였어요. 원자는 수십억 년 전에 거성giant star안에서 생겨났고 별들이 폭발하면서 우주로 뿌려졌지요. 그리고 요즘 나는 그 원자들을 그저 소셜 미디어를 읽는 데 쓰고 있죠.

내가 몸속 원자를 더 이상 사용할 수 없을 때(바라건대 60년쯤 후에) 아마도 원자들은 나와 함께했던 시간보다 훨씬 오랫동안 계속해서 다른 곳을 여행할 거예요. 내 몸을 이루던 탄소는 세균에게 먹혀 더 많은 세균을 만드는 데 쓰일 거고, 그 후엔 벌레에게 먹히고, 계속해서 도마뱀과 매에게 먹힐지도 몰라요. 하지만 이러한 생물들 역시 한정된 시간 동안 그저 탄소 원자를 빌릴 뿐이지요. 원자들은 궁극적으로 우주에 속해 있으니까요.

여기 대단히 독립적인 원자가 있다….

소금을 찾아 보자
일상에서 만나는 염화나트륨

이제 여러분은 원자에 대해 조금 생각해 봤을 거예요. 이제 단계를 높여서 화학물질에 대해 생각해 볼게요. 이 용어가 좀 당황스러운가요? 화학물질chemical이라는 말은 어감이 그리 좋지 않아요. 더 정확한 용어가 있는데도, 독성물질toxin을 대신해서 자주 사용하기 때문이지요. 사실 화학물질은 아주 일반적인 용어예요. 화학물질이라 불린다고 해롭다는 뜻은 아니랍니다. 일산화이수소dihydrogen monoxide, 산화수소라고 하면 어떤 느낌이 드나요? 위험한 물질처럼 보인다고요? 걱정하지 마세요. 적당한 양의 일산화이수소는 안전할 뿐 아니라 건강을 지키는 데 꼭 필요하니까요. 이건 바로 물이랍니다!

아주 친숙한 또 다른 화학물질(이제 그렇게 무섭지는 않지요?)은 염화나트륨, 즉 소금이에요. 소금은 종류가 굉장히 많지만 가장 흔한 화학물질 중 하나예요. 우리 몸은 예전부터 소금을 대단한 화학조미료로 인식해 왔어요. 그런데 소금은 정확히 무엇일까요? 고기에 곁들이는 소스 그릇에 풍성하게 담긴 소금을 자세히 들여다본 적 있나요?

여러분이 본 소금의 모습은 바로 결정이랍니다. 결정crystal은 화학적으로 매우 질서 정연하게 반복 배열되는 물질을 설명하는 과학 용어예요. 종종 말도 안 될 정도로 뛰어난 모양새를 이루기도 하지요. 다이아몬드와 루비, 에메랄드는 모두 결정이랍니다. 하지만 보석만 결정인 건 아니에요. 얼음(말하자면 얼린 물)도 결정이고 (주로 석영으로 만들어지는)모래 역시 결정이며 앞서 언급했던 대로 소금도 결정이지요.

소금은 정말 무엇일까요? 음식 속 소금과 바닷속 소금은 둘 다 대부분 염화나트륨이에요. 무슨 의미일까요?

먼저 나트륨sodium 이야기를 잠깐 해 보죠. 순수한 나트륨은 광이 나는 금속원소로 아무리 봐도 식탁에 올라가는 소금 같지는 않아요. 실제로도 소금과 전혀 다른 반응을 일으키지요. 순수 나트륨을 물이 든 컵 속에 아주 조금만 떨어트려도 바로 폭발이 일어나요. 이런 위험한 이야기를 아무렇지 않게 해 주는 이유는 이 끔찍한 일이 진짜 일어나는지 한번 실험해 볼까 하는 생각이 든다하더라도 순수 나트륨을 손에 넣지 못할 게 분명하기 때문이지요. 대신 이 현상을 다룬 영상을 보는 걸 추천할게요.

소금 속 나트륨 원자는 약간 달라요. 나트륨 이온ion이지요. 소금 속 나트륨 원자는 핵 주변을 빙빙 도는 구름에서 전자 하나가 빠져 있어요. 나트륨 원자가 전자를 1개만 잃으면 반응성이 매우 높은 금속에서 아주 맛있는 소금의 구성 요소로 바뀌는 거예요.

그 전자가 어디로 갔는지 궁금한가요? 식용 소금의 경우 염소chlorine 원자에 그 전자를 빌려주었어요. 염소는 전자를 1개 얻어 마찬가지로 염화 이온chloride이 되지요.(영어에 붙은 접미사 -아이드(-ide)는 이온이라는 뜻이에요.) 그리고 나트륨과 마찬가지로 염소 이온은 음… 1차 세계대전 당시 많은 사람들을 죽인 것으로 유명한 원소 형태의 염소 가스와는 완전히 다르게 반응해요.

사실 매우 반응성이 높은 금속과 독성 가스가 만나 원자끼리 전자를 교환하면 음식 맛을 좋게 만드는 결정으로 변한다는 건 신기하기 짝이 없죠. 게다가 소금이 부릴 수 있는 재주에 관해서는 아직 이야기를 시작하지도 않았어요. 소금을 물에 넣으면 소금은 사라지지요. 신기하네요! 흠, 다시 말하지만 이런 건 항상 보게 되지만 신기하다며 주변에 떠들 만한 일은 아니죠. 예를 들어 나는 어젯밤에 파스타를 만들었어요. 소용돌이 모양의 글루텐 덩어리가 대거 뛰어들 물에 소금을 넣었지요. 그러자 곧바로 소금 결정은 없어졌어요. 소금은 어디로 갔을까요? 물에 용해된 거예요. 와우, 놀랍네요. 나는 파스타를 만들면서 가만히 앉아 소금 결정에 관해 생각하기를 좋아해요. 소금 결정이 물에 의해 천천히 분리되는 모습을 보면서요. 맞아요, 그런 일이 일어난답니다! 물은 부분적으로 양전하(수소 원자 쪽)와 음전하(산소 원자 쪽)를 가진 분자이기 때문에 양전하를 띤 나트륨 이온과 음전하를 띤 염화 이온 모두와 상호작용할 수 있어요. 물은 이 이온들이 매력적이라 생각하고 열혈 팬들이 유명인을 둘러싸듯 어찌할 줄 몰라하며 이온들을 에워싸요.(이 비유에서 다른 점이 있다면 물은 유명인을 찢어 버리면서 좀비 팬이 되어 버린다는 거죠…. 와우, 공포물로 바뀌었네요.) 물 분자가 점점 더 많이 달라붙을수록 소금은 이온들이 하나하나 모두 물 분자에 둘러싸일 때까지 천천히 분리되다가 우리 눈에서 완전히 사라진답니다.

더 멋진 건 물이 모두 증발하면 소금은 홀로 남아 다시 결정으로 돌아간다는 거예요. 찬장에 있는 '천일염'은 이렇게 만들어진 소금이죠. 제조업자가 짠 바닷물을 모아서 물을 모조리 사라지게 한 뒤 남게 된

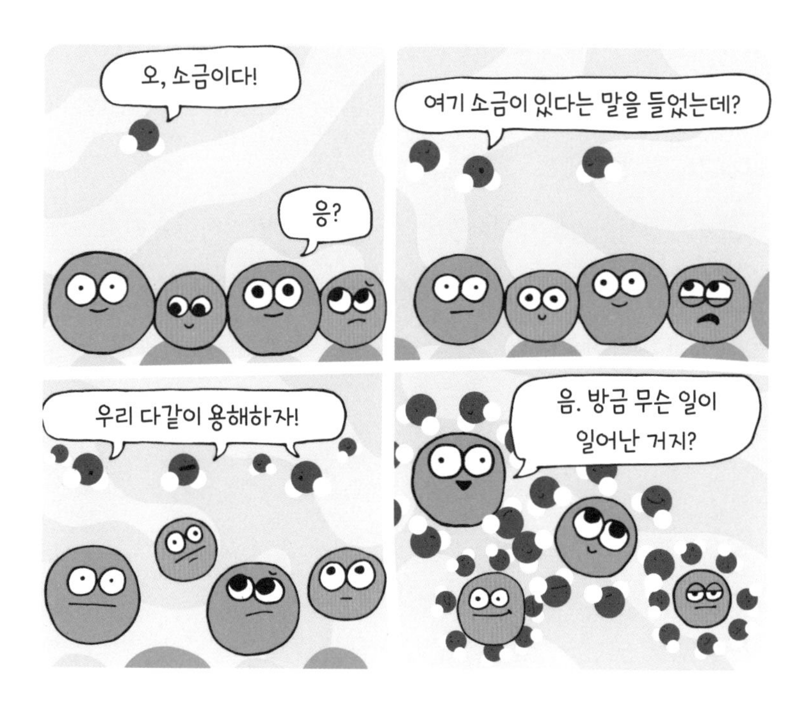

소금이 지금 찬장 속에 있는 거랍니다.

일반 수돗물에도 바닷물만큼 소금이 많지는 않지만 용해된 이온이 떠다녀요. 식기세척기 바닥이나 샤워기의 작은 구멍에 달라붙은 물때를 보면 알 수 있지요. 그렇다고 짜증 내지 마세요. 물이 증발할 때 버려진 결정일 뿐이에요.

오늘은 잠깐이라도 주변에 있는 결정을 둘러보는 시간을 가져 보세요. 여러분이 요리하는 음식에 첨가하는 소금이든 샤워기를 막는 딱딱한 물때든 말이에요.

뜨거움과 차가움의 이유는 뭘까?

컵 속에서 진동하는 커피

소금 결정이 얼마나 놀라운지 알리는 것 외에도 천천히 식어 가는 커피 한 잔도 아주 흥미롭다는 사실을 알려 주고 싶어요. 못 믿겠다고요? 한번 들어 볼래요?

나는 여름에도 뜨거운 커피를 즐겨 마셔요. 주위에서 뭐라고 하든 상관없어요. 그저 차가운 커피 맛을 좋아하지 않을 뿐이니까요. 하지만 뜨거운 커피나 차가운 커피, (몸서리쳐지는)실온의 커피는 뭐가 다를까요? 어차피 다 커피인데 말이에요. 사람들은 어째서 특정 온도의 커피를 더 좋아하는 걸까요?

놀랍게도 특정 온도라는 건 커피 속 원자들이 얼마나 진동하기를 원하는가, 즉 이론적으로 말해 원자들이 얼마나 많은 에너지를 가지고 있느냐의 문제예요. 난 커피 잔 속 원자들이 내가 좋아할 만큼 빠르게 진동하기를 원하죠. 단, 혀가 델 정도로 빠르지는 않게요.

커피와 관련되지 않아도 온도는 재미있어요. 우리는 외부와 내부의 기온(특히 에어컨을 켰다면), 체온(특히 열이 난다면), 음식의 온도(특히 고기를 요리한다면) 등 온도에 대해 자주 생각하죠. 하지만 보통 실제로 측정되는 온도가 무엇인지 그리고 그 수치가 우리가 관심을 가지는 물질에 있어 어떤 의미인지는 깊게 생각하지 않아요.

온도는 물질 안에 열이 얼마나 많은가를 설명하는 하나의 방법이에요. 그렇다면 열이란 무엇일까요?(네, 알아요. 아기가 끝없이 "왜?"라고 묻는 것 같죠. 하지만 계속 함께해 줄 거죠?)

열은 에너지예요. 그리고 흥미로운 건 가만히 있지 않는다는 점이지요. 열은 항상 뜨거운 쪽에서 차가운 쪽으로 이동한답니다.

바로 지금 뜨거운 내 커피에서도 열은 천천히 떠나고 있어요. 사실 바로 이 순간 커피 잔에서 피어오르는 김은 커피를 홀짝홀짝 마시며 우아하게 감상할 수 있는 화학과 물리학의 전시회예요. 커피 속 물 분자들은 몹시 흥분하고 에너지가 넘쳐서 함께 모여 있는 액체 상태에 만족하지 못해요. 말 그대로 자신을 억제하지 못하고 수증기가 되어 떠다니기 시작하지요. 너무 기쁜 나머지 흥분해서 펄쩍 뛸 수밖에 없었던 일이 있었나요? 그래요, 커피 잔 속 물도 그런 거랍니다.

시간이 흐르면서 커피는 열을 잃고 식게 되지만 그 열은 사라지지 않아요. 단지 주변 공기 속이나 컵을 감쌌던 손의 온기처럼 다른 곳으로 옮겨 갔을 뿐이죠. 물리학에는 에너지에 관한 규칙이 있어요. 이 규칙은 아주 완벽해 보여서 '법칙'이라고 부르지요. 그 규칙에 따르면 에너지는(그리고 같은 의미로 물질은) 새로 생기거나 없어지지 않아요. 마법의 에테르ether [1]처럼 휙휙 있다 없다 하는 게 아니라 단지 여기저기로 이동할 뿐이랍니다.

1) 이론적인 우주 물질로 빛의 매질이라 상상했던 가상의 물질_옮긴이

따라서 뜨거운 커피에 기계적으로 입김을 불 때도 여러분은 간단한 물리 실험을 하는 거예요. 과학의 마법으로 열전달을 한층 효율적으로 만들고 있는 거지요. 여러분이 부는 공기는 커피가 더 많은 분자와 상호작용하게 만들어요. 공기는 슝 지나가면서 열을 약간 잡아채 가지요. 더운 날 선풍기 앞에 앉아 있을 때도 같은 일이 일어나요.

따져 보면 사람이든 한 잔의 커피든 1개의 물 분자든 모두 열이 이리저리 움직이기 위한 수단에 불과해요.

손 씻을 때 무슨 일이 일어나는 거지?
비누의 놀라운 작용

오늘 손을 씻었나요? 일어나자마자 이 책을 읽고 있는 게 아니라면 부디 손을 씻었기를 바랍니다. 나는 청결에 꽤나 강박이 있는 사람이어서, 여러분이 씻지 않았다면 우리는 친구가 될 수 없어요.(전문적으로 결벽증이라 불리는 공포증이지요.)

비누는 점차 현실이 될 가능성이 있는 종말 이후 미래에 내가 가장 그리워할 품목일 거예요. 평소에도 손을 깨끗이 씻으면서 위안을 얻지요. 나는 왜 이렇게 청결에 신경을 쓸까요?

나처럼 열심히 손을 씻는 사람조차 세면대에서 비누 거품을 내어 한

참 손을 문지르다 보면 뭐 때문에 이러고 있는지 잊어버려요. 하지만 손에 기름기가 있다면 물만으로는 기름기가 줄지 않는다는 걸 확실히 알 수 있기 때문에 비누가 우리를 위해 하는 일에 감탄할 수 있지요.

올리브유든 기계유든 먼지든 어쩌면 소량의 세균이든, 손에서 없애려고 하는 많은 것에는 어떤 식으로든 기름이 함유되어 있어요. 물은 이런 것들을 제거하는 데 거의 도움이 되지 않죠. 시험해 보고 싶다면 손 전체에 버터를 문지르고 나서 세면대로 가세요. 흐르는 물에 손을 흠뻑 적셔도 버터는 없어지지 않아요, 그렇죠?(이 실험은 좋은 버터를 낭비하는 비극이라는 것을 알아 두세요.)

하지만 이에 대한 완벽한 설명이 있어요. 앞에서 말했듯이(그리고 나중에 좀 더 이야기하겠지만) 수도꼭지에서 나오는 물은 극성polar을 띠는 흥미로운 분자예요. 종합적으로는 중성neutral이지만 부분적으로는 양전하와 음전하를 갖고 있다는 뜻이지요. 반면에 기름은 극성을 띠지 않아서nonpolar 기름 분자는 양전하나 음전하가 없어요. 완전한 중성이지요.

전하(양전하와 음전하) 이야기가 나오면 인력attraction force과 척력repulsion force이 따라와요. 두 음전하는 서로를 밀어내지요. 하지만 물처

럼 극성을 띠는 분자는 기름처럼 극성을 띠지 않고 완전히 중성인 물질과는 별다른 상호작용을 하지 않아요.

기름과 물이 섞이지 않는다는 사실은 비교적 잘 알려져 있지요. 서로 잘 맞지 않는 사람을 '물과 기름 같다'고 할 정도니까요. 정말 다행히도 물과 기름이 만나자마자 폭발하거나 뭐 그런 건 아니지만, 아무리 애를 써도 소금이 물에 녹는 것처럼 기름을 물에 녹일 수는 없어요. 기름과 같은 물질을 가리키는 말로 '물을 두려워한다'는 의미의 소수성hydrophobic이라는 용어가 있지요. 이런 이유 때문에 물을 손 위로 흘려보내도 기름을 제거하는 데 아무런 도움이 되지 않아요. 그 뒤에 숨어 있는 미생물microbe 역시 그래요.

그렇다면 비누는 무엇이 그렇게 특별해서 서로 맞서는 기름과 물을 같이 어울리게 할 수 있을까요? 비누는 기름을 좋아하는 쪽과 물을 좋

아하는 쪽을 모두 가지고 있어서 기름과 물 사이에 평화를 가져다줄 수 있어요. 이를 전문용어로 양친매성amphipathic이라고 하지요.

손에 비누칠을 한다는 것은 비누 분자에서 기름을 좋아하는 쪽이 손에 묻은 기름과 친해진단 뜻이에요. 그 둘은 어우러져서 서로 안부를 묻죠. 일단 비누 분자와 기름이 함께 자리를 잡으면 친애하는 손 씻기 애호가는 손을 물로 씻어 내요. 이제 비누 분자에서 물을 좋아하는 쪽이 물을 쫓아갑니다. 그러면서 비누 분자의 기름을 좋아하는 쪽과 손때까지 모두 데려와 세면대 바닥을 타고 배수구 속으로 사라지지요. 하지만 에너지가 결코 새로 생기거나 없어지지 않는 것처럼 오물도 마찬가지예요. 여러분은 정말 어떠한 오물도 완전히 이 세상에서 없애지 못해요. 그냥 다른 곳, 이 경우에는 하수구로 옮겼을 뿐이랍니다.

기름은 물을 무시해서 손에 남을 수 있었지만, 결국 비누에 속아서 물을 따라갔어요. 비누는 그런 면에서 대단한 이중간첩이에요. 양쪽 모두와 어울리죠. 하지만 손의 더러움을 없앨 수 있으니 뭐든 미워할 수 없네요.

다음에 손을 씻을 때(또는 물만으로 효과가 있으리라 믿고 싶을 때) 비누 거품을 내서 문지르고 헹구었을 때 일어나는 일을 생각해 보길 바라요. 비누는 손을 깨끗하게 해 주는 마법의 물질이 아니에요. 비누가 아니었다면 어울리지 않을 기름과 물을 화학적으로 연결해 주는 역할을 할 뿐이에요. 화학의 기본 원리를 이용해 손을 씻는 거죠.

요전 날 봤던, 공중화장실에서 손을 씻지 않던 사람이 여러분이라면 이제 손을 잘 씻기로 해요.

오븐 속에 넣으면 뭐든지 맛있다
토스트가 겪는 화학변화

흔히 사람들은 화려한 색의 유독성 혼합물을 가지고 값비싼 실험실에서만 할 수 있는 게 화학 실험이라고 생각하지만 사실 우리는 요리할 때마다 화학 실험을 하고 있어요. 토스트를 만드는 것처럼 간단해 보이는 일에도 엄청나게 많은 화학반응이 숨어 있답니다.

우리는 왜 빵을 토스터에 넣는 걸까요? 굽지 않고 그대로 먹을 수도 있잖아요. 따뜻하게 먹기를 고집하는 거라면 전자레인지로 데울 수도 있고요. 하지만 빵 한 조각을 뜨거운 토스터에 넣으면 뭔가 달라요. 왜 그럴까요?

비록 아무도 정한 적은 없지만 우리는 이 주방 용품을 필수품으로 여겨요. 별맛 안 나는 밍밍한 빵이 토스터 속 높은 온도에서 마법처럼 맛있는 토스트로 바뀌기 때문이죠. 그냥 따뜻한 빵이 아니에요. 온도 변화 이상으로 훨씬 많은 일이 일어난답니다.

이 정도로 높은 온도에서는 마야르 반응Maillard reaction이라 불리는 화학변화가 시작되어요. 당과 단백질을 구성하는 아미노산amino acid 사이에 일어나는 반응이지요. 이 화학반응으로 완전히 새로운 화합물이 만들어지는데 그중에는 우리가 아주 맛있다고 느끼는 것이 많아요.

빵을 토스터로 구우면 캐러멜 맛이 나는 풍미 화합물이 생겨요. 커피콩, 팝콘, 고기 그 외 무수한 음식들도 구워졌을 때 맛이 엄청나게 좋아져요. 열은 음식을 바꾸고 열을 가하지 않았다면 없었을 아주 새로운 풍미를 만들어 내지요. 단지 음식을 데우는 게 아니라 새로운 맛을 창조해 내는 거예요!

이는 많은 음식이 끓이는 것에 비해 구우면 맛이 완전히 달라지는 이유이기도 해요. 단순히 물을 끓여서는 그런 반응을 일으킬 만한 열에 도달할 수 없어요. 어떻게 해도 삶은 닭(또는 채식주의자 친구들을 위한 당근)은 오븐에 구운 닭(또는 당근)만큼 맛있지는 않을 거예요.

물론 적절한 정도를 지나칠 수도 있어요. 토스트가 타 버리면 쓴맛이 나고 말아요. 쓴맛을 내는 화합물을 만들어 낼 정도로 좀 더 가열된 탓이지요.

그러니 나는 "화학자가 아니야"라고 하면서 화학 과목과 거리가 멀다고 함부로 말하지 마세요. 토스트를 만들 수 있는 한 뛰어난 과학자예요. 게다가 꽤 인상적인 요리사이기도 하고요.

보아라! 나는 새로운
맛을 창조할 것이다!
딸깍
유레카!

최대 미스테리를 풀어라
암흑 물질을 만지는 방법

우리 주위에 있는 과학을 하나 더 이야기해 볼까요? 바로 지금, 여러분은 어느 누구도 완전히 이해하지 못하는 어떤 물질에 둘러싸여 있어요. 손을 앞으로 뻗어서 이리저리 흔들어 보세요. 공공장소에 있다면 파리를 쫓는 척하세요. 아니면 재즈 핸드 춤[1]을 추면서 지나가는 사람을 불편하게 하든지요. 자, 여러분은 방금 일종의 암흑 물질dark matter을 건드렸습니다. 다만 우리 몸이 그걸 감지하지 못하기 때문에 직접 만지지 못했지만요. 아무도 감지할 수 없어요. 가장 비싼 설비로도 감지할 수 없지요. 볼 수도 없고 느낄 수도 없고 냄새를 맡을 수도 없어요. 들을 수도 없고요. 암흑 물질과 저녁을 먹을 수도 없답니다.

암흑 물질을 설명하다 보면 유령과 참 비슷해요. 유령은 다소 친숙

1) 팔을 앞이나 위로 올리고 손바닥이 보이게 하고 손가락을 쫙 편 동작_옮긴이

하지만 다른 방식으로 존재하고, 현재 측정하거나 관찰할 수 없지만 그래도 우리는 유령이 '있다'고 믿지요.(단, 암흑 물질은 유령보다 존재할 가능성이 훨씬 크죠.)

우리는 암흑 물질이 그곳에 있다는 것도 알아요. 거대한 은하의 움직임에서 그 존재를 측정할 수 있기 때문이지요. '일반적'인 물질만으로는 은하가 움직이는 상황을 설명하지 못해요. 모든 계산이 잘 맞으려면 '뭔가'가 더 있어야 하지요. 암흑 물질은 많이 있을 때만 중요해 보이는 그런 것 중 하나예요. 이를테면 우리 은하수 같은 은하 전체를 에워쌀 정도는 되어야죠. 가까이서는 보기 더 어려워요. 그래서 설사 암흑 물질이 어디에나 있다 하더라도 우리는 전혀 찾을 수 없답니다.

다만 여전히 우리는 그 안에서 헤엄치고 있어요. 매일 매 순간 암흑 물질은 우리를 통과하지요. 다행히 우리는 그 사실을 몰랐고, 이 장을 다 읽고 나면 다시 모르는 상태로 돌아갈 수 있어요. 우리 몸이 대부분 빈 공간인 원자로 이루어져 있다는 사실을 망각하듯 전 우주의 많은 부분을 차지하는 암흑 물질도 잊어버리기 쉽거든요.

파동:
질서 있는 전자기파 스펙트럼

자, 이제부터 너무 놀라지 마세요. 지금 여러분이 어디에 있든 전자기 복사electromagnetic radiation가 주위에 가득하답니다. 여러분이 은박지 모자[1]나 방독면을 찾으러, 또는 침대 밑에 숨으러 달려가기 전에 비밀을 하나 알려 드리죠. 복사선은 지극히 평범한 거랍니다.(한편으론 끝내주기까지 하죠.)

복사선이란 말은 매우 무섭게 느껴지고 진짜로 무서운 복사선도 있어요. 하지만 일반적인 복사선은 전혀 해롭지 않고 심지어 대부분 유용하답니다. 손을 뻗어 지나가는 전파를 느껴 보세요.(앞 장에서 살펴본 암흑 물질을 탐지하려는 시도가 끝나면요.) 전파를 느낄 수 없나요? 그래요, 나도 느끼지 못해요. 하지만 전파는 거기에 있어요. 난 알아요. 왜냐고요? 라디오를 켜면 목소리가 들리니까요.

이 장에서는 사물을 보고, 음식을 요리하고, 우주의 새벽에 귀 기울이기 위해 사용하는 여러 파동을 살펴볼 거예요.

---

1) 전자기장이나 심리 조종, 심리 읽기 등으로부터 뇌를 보호하기 위해 착용하는 알루미늄 호일 모자_옮긴이

우주에 온 것을 환영해!
파동에 완전히 포위된 곳

앞 장에서는 만질 수 없는 암흑 물질과 만질 수 있는 실제 물질에 관해 이야기했어요. 하지만 그건 우리 일상의 일부일 뿐이에요. 파동 에너지 역시 종류가 많고 그 숫자만큼이나 많은 일을 하며 삶의 일부분을 차지하고 있어요. 파동에는 우리가 감지할 수 있는 것도 있지만 알지 못하는 사이에 그냥 지나가는 것도 있어요.(심지어 몸을 관통하기도 하죠.) 파동은 우리를 지나치며 인사를 건네고 싶어 할지도 모르지만 우리 몸에는 그러한 파동 대부분을 감지할 수 있는 기관이 없어요.

이러한 파동 에너지는 길이가 매우 다양해요. 파동을 더욱 잘 이해하기 위해 우리는 순서대로 줄을 세우고 근사한 이름을 붙이지요. 이렇게 정렬시킨 띠의 이름은 전자기파 스펙트럼electromagnetic spectrum이에요. 굉장히 위협적으로 들릴지 모르지만 따로 떼어 본다면 그렇게 무섭지는 않아요. 이 파동들은 모두 전기장과 자기장의 간섭으로 우주를 이동하기 때문에 '전기electricity'와 '자기magnetism'라고 불리지요. 하지만 전자기에 관한 모든 물리학을 자세하게 파고들어 이해할 필요는 없어요.

전자기파 스펙트럼에서 가장 긴 파동은 전파radio wave예요. 그보다 길이가 짧아지면 마이크로파microwave라고 불러요. 다음은 적외선infrared wave이지요. 인간의 눈으로 볼 수 있는 일부 파동은 인간 중심적이게도 '가시광선visible light[1]'이라는 이름이 붙었지요. 우리가 보기에 좀 많이 짧은 파동은 자외선ultraviolet ray이라 불러요. 그 다음으로는 자외선보다 훨씬 짧은 엑스선X-ray이 있고 여기서 이야기할 가장 짧은 파동은 감마선gamma ray이에요.

파동이 짧아질수록 위험하게 들린다는 사실을 눈치챘을지도 모르겠네요. 사실이에요. 파동이 짧을수록 더 많은 에너지를 운반하지요. 주파수frequency가 더 높다고도 말하는데 주파수는 파동이 1초 동안 위아래로 얼마나 많이 왔다 갔다 하는지를 나타내는 거예요. "더 빨리 간다"고 말하면 이해가 쉬울 수도 있지만 그 말은 절대 옳지 않아요. 이 다양한 파동에서 이상한 점은 전파든 가시광선이든 엑스선이든 모두 같은 속도로 이동한다는 점이에요. 심지어 여러분은 이 속도에 대해 들어 봤을 수도 있어요. 바로 빛의 속도죠.

이 책을 읽는 동안 파동은 쌩하고 여러분을 스쳐 지나가고 있어요. 초속 30만 킬로미터로요. 지금 우리는 빛이 빠르다는 사실을 어느 정도 알고 있지요. 영화 속에서 물체가 광속으로 움직이는 장면은 언제나 매우 인상적이에요. 하지만 얼마나 빠른 건지 상상해 볼 수 있을까요? 30만 킬로미터는 지구 둘레의 7.5배예요. 즉, 빛의 속도로 여행할 수 있다면 1초에 지구 주위를 7.5바퀴나 돈다는 뜻이에요. 말도 안 될 정도로 빠르죠.

SF에서 광속은 '즉시'와 거의 같은 의미로 사용되지요. 하지만 잘

1) 가시(可視)는 눈으로 볼 수 있다는 뜻_옮긴이

지어진 이름을 가진 우주(정말로 공간에 부족함이 없는 곳[2])에서는 아찔한 빛의 속도조차 느려 보일 수 있어요. 가시광선이 태양을 떠나면 지구에 있는 우리에게 도달하는 데 8분 20초가 걸려요. 빛의 속도로 날아가는 가상의 우주선에 탑승해 태양으로 항로를 잡을 경우 8분 동안 〈천국으로 가는 계단〉[3]을 듣고도 〈알파벳 송〉을 부를 시간이 충분할 거예요. "다음에 같이 부르지 않겠어요?"를 외친 후에 태양을 들이받고 꽤 역설적으로 세상을 떠나게 되겠지만요.

거듭 이야기하지만 이러한 파동은 모두 광속 측면에서 논의할 수 있습니다. 전파, 마이크로파, 적외선, 자외선(알았어요. 이제 그만 나열할게요.) 모두 광속으로 이동하지요. '빛'이라는 생각이 들지 않을 수도 있지만 모두 빛이에요. 그리고 빛은 에너지랍니다. 가시광선과 같은 방식의 파동 에너지죠. 곧 파동에 관해 자세히 알아보겠지만 일단 파동은 어디에나 있고 크기가 다르다는 점만 기억하세요.

---

2) 우주를 뜻하는 space에는 공간이라는 뜻도 있다_옮긴이

3) 영국의 록 밴드 레드 제플린의 대표곡으로 8분 2초에 달한다_옮긴이

너도 그 목소리 들을 수 있지?
전파

자동차의 라디오를 틀면 노래나 DJ의 목소리가 들려요. 그 소리가 들린다고 내가 제정신인지 의심하나요? 아마 현시점에는 당연하게 여겨지는 일이라 그렇지 않겠죠. 하지만 자동차가 어떻게 전파를 탐지해서 여러분이 듣는 음파sound wave로 바꾸는가 하는 의문이 들 거예요. 여러분은 라디오가 아니라서 전파로 아무것도 할 수 없지만 전파는 항상 우리 곁에 있답니다.

그리고 매우 합리적인 가격에 무전기, 베이비 모니터, 차고 문 개폐기처럼 자체 전파를 만들어 내는 장치를 살 수도 있어요. 사실 휴대전

화나 무선 공유기같이 요즘 우리가 쓰는 복잡한 장치는 거의 다 어떤 식으로든 전파를 사용하지요.

하지만 주변을 날아다니는 이 전파 때문에 때때로 여러분의 장치가 내보내는 파동에 문제가 생길 때가 있어요. 파동끼리 충돌할 수도 있기 때문이지요. 실제로 그런 일이 있었어요. 캘리포니아의 I-5 고속도로를 운전하면서 친구와 각자의 차에서 15달러짜리 무전기로 대화를 나누던 때였죠. 그 작고 편리한 장치는 같은 길이의 전파를 송수신할 수 있도록 설정되어 있어서 우리는 토마토, 마늘, 오렌지로 가득 찬 트럭을 피해 차선을 바꿔 가며 운전하는 동안 서로 3미터에서 30미터 내에 있을 때는 이야기를 나눌 수 있었어요. 사건은 여정의 중간쯤에 일어났어요. 무전기에서 낯선 목소리가 들려왔어요. "이 채널을 끄

쇼!" 잡음을 뚫고 그 목소리가 말했어요.

"어… 뭐라고요?"

"5번 채널을 끄라고!" 그 미지의 목소리가 윽박질렀죠.

정황상 지금 우리가 빠르게 지나가고 있는 농장 한 곳과 이 주파수를 같이 쓰고 있는 것 같아 보였어요.

익명이라는 망토와 시속 120킬로미터의 방패 속에 안락하게 자리 잡은 채 나는 주저 없이 반박했지요. "나한테 이래라저래라 하지 말아요!" 그러면서 의기양양하게 덧붙였어요. "당신이 5번 채널의 주인은 아니에요!"

그리고 성난 농부가 대꾸하기 전에 재빨리 사정권에서 벗어났죠.

나는 무전기가 내보내던 파동의 정확한 주파수에 대해 생각해 보지 않았다고 고백하고 싶군요. 여러분이 만약 무전기를 자주 사용하게 된다면 좀 더 세심하게 신경 써야 할 거예요. 분명히 파동을 만드는 것에도 에티켓이 있지요.

그리고 앞서 언급한 경이로운 기술들은 인간이 의도적으로 우리 자신을 위해 만들어 내는 전파일 뿐이라고 말하고 싶네요. 자연적으로 발생하는 전파도 있는데 그 전파 역시 들을 수 있어요.

라디오를 켜고 채널을 찾다 보면 특정 채널에서 지역 라디오 방송국이 내보내는 파동 신호가 포착될 거예요. 이 파동은 지역을 뒤덮어서 차 안에 있거나 라디오를 가졌다면 누구나 그 신호를 잡을 수 있지요. 하지만 아무도 사용하지 않는 채널에 맞출 경우 친숙한 백색소음 white noise이 들려요.

그 조용한 소리는 무엇일까요? 라디오가 전파를 포착하고 있는 거예요.(그게 아니라면 완전히 조용하겠죠.) 하지만 그 전파는 어떤 방송국이 음악과 목소리를 함께 부호화해서 내보내는 게 아니에요. 그저 잡음일 뿐이죠. 자연적으로 발생하는 전파와 우리가 사용하는 장치의 반응이 합쳐진 현상이에요.

그 잡음의 일부는 지구가 자체적으로 만드는 파동이에요. 대지의 어머니가 들려주는 지혜에 몰두하고 싶다면 NPR[1] 대신 차 안에서 나오는 잡음을 들으세요. 하지만 그 잡음의 극히 일부는 우주에서 온 것으로 '우주배경복사cosmic background radiation'라고 하죠. 비록 여러분이 라디오로 들을 수 있더라도 그 파동은 엄밀히 말해 우주 곳곳에서 오는 (다음에 이야기할)마이크로파예요. 138억 년 전 우주가 탄생할 때 만들어진 거지요. 우와.

주변에 항상 파동이 있다고 스스로에게 일깨워 줘야 해요. 알아챌 수는 없지만요.(특수 설비가 없다면요.) 우리 조상이 고대 바다에서 떠다니는 단세포생물이었을 때도 파동은 있었어요. 공룡이 선사시대의 숲을 느릿느릿 움직일 때도 지구 위를 펄럭이면서 있었지요. 그리고 그 파동을 찾아낼 수 있을 만큼 똑똑해진 지금도 여전히 있고요.

---

1) 미국 공영 라디오 방송_옮긴이

팝콘만을 위한 게 아니야
마이크로파

우주의 탄생과 관련한 이야기는 이걸로 충분해요. 다른 마이크로파 이야기를 해 보죠. 말 그대로 작은 전자기파를 의미하는 '마이크로파microwave'라고 했을 때 여러분이 주방 가전제품을 떠올릴 수 있다는 것은 얼마나 멋진 일인가요?[1] 요리 장치에 전자기에너지의 이름을 붙여서 무수한 사람들이 이 광파에 익숙해질 수 있다는 사실이 기뻐요.

우리가 마이크로파와 함께 너무 멀리 가기 전에(마이크로파는 파동들이 다 그렇듯 빛의 속도로 이동한다는 것을 기억하세요.) 전파와 마이크로파를 구분하는 절대적이고 명확한 기준은 없다고 말해야겠네요. 기억하세요. 라디오로 마이크로파를 들을 수 있어요. 그리고 또 다른 마이크로파인 전자레인지는 전파를 사용해 음식을 요리해요. 다시 생각해 보니 헷갈릴 수 있겠네요. 어쩌면 가전제품에 파동의 이름을 붙이는 건 현명하지 못한 일인지도 모르겠어요.

하지만 괜찮아요. 덕분에 이 광대한 스펙트럼의 모든 파동이 우리의 규칙을 따르기 위해 존재하는 게 아니라는 점을 떠올리게 하니까요. 우주도 우리의 이해를 돕기 위해 존재하는 게 아니에요. 우리는 사물을 분류하고 이름을 붙이고 설명하려고 하지만 모든 게 혼란스러워요.(왜 그런지 '왜소 행성' 플루토에게 물어보세요.[2])

---

1) microwave는 마이크로파 외에 전자레인지를 지칭하기도 한다_옮긴이

아주 작은 파동으로 다시 돌아갈게요. 같은 이름의 주방 가전제품은 그 안에 넣은 음식에 에너지를 옮겨 주는 파동을 만들어요. 이때 사용되는 특정 길이의 파동은 지방뿐 아니라 물 분자를 잘 들뜨게 해요. 전달된 에너지는 음식 속 수분과 지방을 가열해 분자들을 더 빠르게 진동시키죠. 다른 요리 방법과 크게 다르지 않아요. 단지 훨씬 효율적일 뿐이죠. 전자레인지는 사물을 데우는 속도가 빠르기로 유명해요.

전자레인지가 놀랍기는 해도 감도가 좋은 기술 없이는 들을 수 없는, 우주의 비밀을 속삭이는 마이크로파와 비교할 정도는 아니에요. 마이크로파는 수십억 년 동안 우주에서 아주 엄청난 거리를 이동해 이곳에 도착했고 항상 우리 곁에 있어요.

아니 어쩌면 전자레인지로 탄생한 팝콘이 더 중요할지도 모르겠네요. 이건 논쟁해 볼 만한 문제예요.

2) 1930년에 발견되어 태양계의 아홉 번째 행성, 명왕성이라고 불렸지만 2006년 국제천문연맹의 행성 분류법이 바뀌면서 행성의 지위를 잃고 왜소 행성 134340 플루토로 분류되었다_옮긴이

따끈따끈한 모든 것에서 나와

적외선

전자레인지로 팝콘을 만들면 이 뜨거운 봉투는 또 다른 전자기파를 방출해요. 바로 적외선이지요.(하지만 걱정하지 마세요. 위험하지 않으니까요.)

적외선infrared wave은 가시광선의 붉은빛보다 조금 더 길어요. 적외선의 '적외'는 '적색의 바깥'이라는 뜻이지요. 우리는 적외선을 볼 수 없지만 리모컨으로 텔레비전 소리를 조절할 때마다 적외선을 사용해요. 근사한 야간 투시경도 적외선을 이용하지요.

적외선이 충분히 있으면 열을 느낄 수 있어요. 하지만 다른 모든 파동처럼 여전히 광파light wave지요. 사람들은 가시광선과 보는 것을 연관시키듯 적외선을 열과 연관시켜요. 이러한 파동은 주변에 충분히 있을 때 우리 몸이 감지할 수 있는 범위에 들어가게 되죠. 적외선 복사를 열로 생각할 수 있지만, 적외선을 방출하기 위해 '뜨겁다'고 느껴질 정도로 열이 필요하진 않아요. 심지어 얼음 조각도 벽돌 오븐에서 갓 나온 피자만큼은 아니어도 적외선 복사를 방출하지요. 엄밀히 따지면 절대 영도absolute zero(원자가 움직임을 멈출 정도로 차가운 이론 온도)를 넘는 것은 모두 적외선 복사를 내보내요. 적외선은 어디에나 있지요.

적외선은 여러분이 하루 종일 스스로 만들어 내는 유일한 파동이에요. 가시광선은 전혀 만들지 못하고 다른 곳에서 비롯된 빛을 반사할 뿐이죠. 전파를 만들지도 않아요.(그러니 여러분이 전파를 만들고 있다면 말해 주세요.) 하지만 적외선은 항상 만들어요. 체열이 있으니까요. 여러분은 맨눈으로 볼 수 없는 방식으로 빛나고 있지요.

나는 행복하고 건강해 보이는 사람들에게 "빛난다"고 말하는 것을 좋아하지만 사실은 누구에게나 할 수 있는 말이에요. 그 사람의 건강 상태와는 상관없이 그 말은 항상 사실이니까요. 독감에 걸려 침대에서 꼼짝 못할 때도, 우울증과 싸울 때도, 최신 뉴스를 읽고 있을 때도 적외선으로 환하게 빛나죠. 보통 때는 볼 수 없지만 야간 투시경이나 적외선 카메라의 도움을 받으면 주변의 모든 것들이 진정 얼마나 빛나는지 볼 수 있어요.

잠시 나가서 태양의 열기를 느껴 보세요. 이 열기는 태양에서부터 쭉 이동하여 여러분에게 도착한 적외선 복사예요. 아주 먼 여정이죠. 대기를 통과하며 산란하여 푸른 하늘과 땅을 볼 수 있게 하는 가시광선과 함께 날아왔어요. 적외선 덕분에 우리 행성은 생명이 살 수 있는 곳이 되었지요. 만약 어떤 기이한 일 때문에 태양이 가시광선만 내보내고 적외선은 내보내지 않는다면 애초부터 우리가 여기서 이렇게 이야기를 나누고 있는 일은 없었을 거예요.

태양이 비추지 않을 때조차 우리는 우주 전역으로부터 적외선을 받고 있어요. 밤하늘을 올려다보면 이 아름다운 광경이 우주 에너지의 극히 일부분이란 사실에 놀라요. 우리가 별과 행성을 보는 것은 눈에 보이는 다른 모든 것과 마찬가지로 눈에 보이는 빛의 파장일 뿐이에요. 사실은 보이지 않는 적외선 복사 역시 우리를 비추고 있답니다. 단지 몸이 감지할 수 없을 뿐이죠.(특수 망원경은 할 수 있지만요.)

직접 볼 수 있는 파장을 만나다

가시광선

매일 모르고 지나가는 여러 파동을 거쳐 마침내 인간의 눈으로 감지할 수 있는 무언가에 도착했어요. 볼 수 있는 빛의 파장은 눈 뒤편에 있는 세포의 분자를 손상시키지 않으면서도 들뜨게 하기에는 충분한 에너지를 운반해요. 그래서 그 빛들이 '보이는' 것이죠. 음, 적어도 우리에게는요.

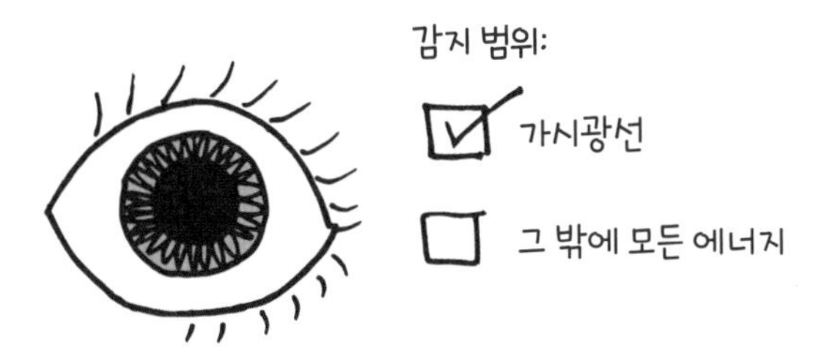

가시광선visible light의 가장 큰 특징 중 하나는 많은 물질에서 튕겨져 나온다는 점이에요. 엑스선은 많은 사물을 통과하는 반면 빛은 대개 여기저기 튕겨서 결국 그중 일부가 우리 눈으로 들어와요. 빛은 유리 같은 물질은 통과할 수 있지요.(이 내용은 4장에서 이야기할 거예요.)

이렇게 빛이 튕기면서 일이 재미있어져요. 책상 위에 놓인 책처럼 우리가 무언가를 볼 때 실제로는 정말로 보는 게 아니에요. 1초도 안 되는 시간 전에 그 물체에서 반사된 빛을 보는 것이죠. 색깔도 마찬가지예요. 빨간색 연필은 연필을 구성하는 분자들이 내 눈을 향해 빨간빛을 반사하고 다른 색의 가시광선은 흡수하기 때문에 빨간색으로 보일 뿐이지요.

완전한 암흑에는 색이 없어요. 대단히 철학적으로 들리겠지만 색은 정말 보는 사람의 눈 안에 있어요. 무언가에서 튕겨 나오는 빛이 없고 그 빛을 감지할 눈이 없다면 색이 존재할 방법은 없어요. 존재의 의미가 약간 서글프지 않나요? 색을 '내가 슬플 때 생각할 것들' 폴더에 넣으면 좋겠군요.

우리가 가시광선을 볼 수 있는 이유는 단지 우리의 눈이 이 파장들 간의 차이를 구별할 수 있기 때문이에요. 애벌레나 가리비 같은 동물들은 오직 밝고 어두운 것만 구분할 수 있어요. 이 동물들에게 색은 존재하지 않는 것이지요. 인간 중에서도 색맹(그리고 그 외 많은 유전질환)처럼 유전되는 형질을 가진 일부 사람들은 색의 차이를 다 알지 못해요. 색맹이 표준이고 스펙트럼의 모든 색을 볼 수 있는 사람이 소수인 세계를 상상해 보죠. '색맹'인 대다수 사람은(물론 이곳에서는 색맹이라 부르지 않겠죠.) 아마도 무지개색 전체를 볼 수 있는 사람들이 색을 헷갈린다고 생각할 거예요.

우리는 한 방향으로 사물을 표준화했지만 그런 인식이 사고를 제한하기도 해요. 지금 알고 있는 것은 전부 우리 마음대로 주변의 파동을 해석한 방식이지요. 사물을 있는 그대로 보지 않아요. 들어온 시각 정보를 머리에 이미 입력된 것 중 가장 근사치로 해석한 거예요. 그래요, 난 이런 생각을 하며 밤에 잠을 이루지 못한답니다.

피부가 타는 것을 느껴 볼까?

자외선

가시광선이 우리 몸에서 친구의 눈으로 튕겨 친구가 우리를 볼 수 있는 동안 자외선ultraviolet ray은 약간 더 멀리 가요. 이 빛은 말 그대로 피부 속까지 갈 수 있어요. 피부층을 관통하죠. 그럴 정도로 에너지가 충분하니까요. 그래서 문제예요. 자외선은 에너지가 아주 커서 불쌍한 피부 세포를 파괴해요. 어떤 경우에는 DNA를 손상해서 걷잡을 수 없이 세포를 성장시키기도 해요. 이런 경우를 피부암이라고 해요.

이러한 자외선(또는 UV) 때문에 자외선 차단제를 발라야 해요. 우리는 '자외선 노출'을 걱정해서 '폭넓은 스펙트럼', 좀 더 구체적으로 'UV-A'와 'UV-B'를 커버하는 자외선 차단제를 찾아요. UV-A와 UV-B는 스펙트럼의 자외선 영역에서 파동의 범위를 좀 더 구체적으로 나타내는 말이에요. UV-C도 있지만 그건 걱정할 필요가 없어요. 지

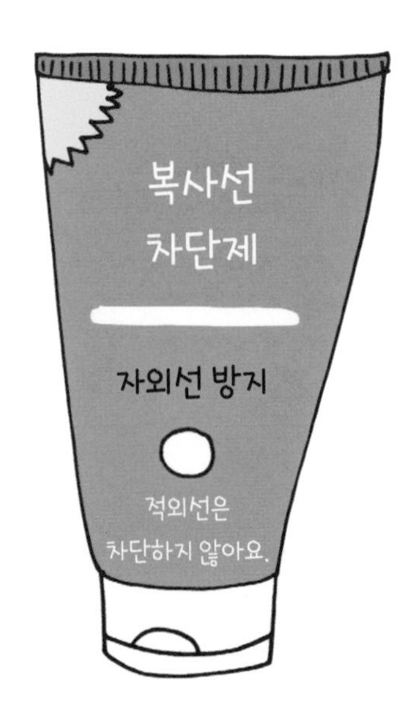

구의 대기가 거의 다 막아 주니까요. 사실 대기는 친절하게도 UV-B 도 많이 막아 주지만 대기를 통과한 얼마 안 되는 자외선이 여전히 걱정스러워요. 그래서 자외선 차단제를 발라야 하지요.

나는 UV에 편견이 있어요. 가족 중에 피부암을 앓은 여자들이 많아서 이 파동이라면 좀 비이성적일 정도로 화가 나죠. 물론 그 파동이 의도한 것은 아니겠지요. 파동은 지각 능력이 전혀 없고 설사 있다 해도 파동이 흥분해서 일어난 일에 지나지 않아요. 지나치게 흥분해서 발에 오줌을 싸는 개나 자신의 힘을 모르고 팔을 마구 휘두르다 코를 후려치는 아기들처럼요.(실제로 겪은 일이냐고요? 그래요.)

우리는 자외선을 볼 수 없어요. 자외선은 우리가 볼 수 있는 보라색 광선보다 에너지가 약간 더 넘쳐서 자외선이지요.[1] 우리가 볼 수 있는 영역을 막 벗어난 광파예요. 하지만 자외선을 볼 수 있는 동물도 있어요. 일부 나비, 벌, 새, 물고기는 이런 종류의 빛을 감지할 수 있는데 이 빛의 도움으로 식량이나 짝을 찾아요.

나도 어떤 목적으로든 자외선을 사용할 수 있었으면 좋겠어요. 이 동물들이 우리는 보지 못하는 완전히 다른 형태의 에너지에 접근할 수 있다는 게 불공평해 보여요. 하지만 언제 자연이 공평한 적이 있었나요?

1) 자외선은 영어로 ultraviolet wave인데, 'ultra'가 초과한다는 뜻_옮긴이

보이지 않는 내면을 꿰뚫는다고?
엑스선

마지막으로 이야기할 빛은 엑스선x-ray으로, 가장 신비로운 이름을 갖고 있지요. 처음 발견한 사람이 무엇인지 몰랐기 때문이에요. 이 파동은 알파벳 책을 쓸 때 가장 유용해요. 글자 엑스(X) 차례가 오면 엑스선 아니면 실로폰(xylophone)을 예로 들면 되니까요. 하지만 이런 유아용 책에 쓰이지 않아도 엑스선은 그 자체로 흥미로워요.

엑스선은 우리가 정기적으로 접하는 파동 중 가장 에너지가 넘쳐요. 이보다 더 위험한 감마선도 있지만 일상 속에서 감마선은 거의 찾을 수 없지요. 감마선은 지구의 핵 깊숙이 내부에너지를 위해 저장되어 있는 극도의 핵방사선이에요. 저 바깥 우주에도 감마선이 있지만 대기에 흡수되어서 지구 표면에 있는 우리에게 닿지 않아요.(3장에서 이야기할 거예요.) 이건 정말 기쁜 소식이에요. 감마선은 여러분을 죽일 수도 있으니까요.

엑스선도 꽤 강도가 세지만 적은 양이라면 사람들이 이용할 수도 있어요. 치과 의사들은 엑스선으로 치아를 검사해요. 하지만 몇 년에 한 번씩 할 뿐이고 임신했다면 하지 않을 거예요. 나는 십대 때부터 다음 질문에 대답해야 했지요. 간호사는 엑스선 실로 안내하며 물었어요. "임신했어요?" "아뇨." "정말 확실해요?" "네…?"

이런 대화는 엑스선이 치아와 뼈를 보는 데는 유용하지만 조심해서 사용해야 한다는 사실을 일깨워 줘요. 엑스선은 성인의 체세포에는 위험하지 않지만 발달하는 태아에게 나쁜 영향을 줄 수 있답니다.

그래서 엑스선 기계는 입을 향할 뿐인데도 몸 위에 납 앞치마를 둘러 줘요. 납은 엑스선으로부터 여러분, 더 구체적으로는 난소나 고환을 보호해 생식세포의 손상을 막아 주죠. 이론상으로 엑스선은 난자의 DNA를 손상시킬 수 있어요. 만약 손상된 난자가 후에 수정된다면 불행한 변이를 일으켜 태아의 건강 문제로 이어질 수 있어요.

엑스선은 부드러운 살은 뚫고 지나가지만 단단한 뼈에서는 튕겨 나와서 의학 사진에 아주 안성맞춤이에요. 인상적인 이미지를 만들어 내지요. 가시광선 대신에 엑스선으로 사진을 찍는 것과 같아요. 마찬가지로 공항에서 엑스선 기계를 쓰면 가방을 통과해 내용물을 들여다볼 수 있어요. 옷처럼 부드러운 물건은 자세히 볼 수 없지만 금속처럼 단단한 물건은 밝고 선명하게 나타나죠.

우주에는 엑스선이 있어서 만약 사랑스러운 대기가 친절하게 걸러 주지 않는다면 우리는 온종일 엑스선 폭격을 받을 거예요. 그래서 난

대기의 열렬한 팬이지만, 우리에게 오는 엑스선이 먼 은하계와 우주의 시작을 연구하는 데 유용하기 때문에 일부 천문학자들은 나만큼 좋아하는 것 같지 않아요. 그들은 어떤 종류의 엑스선을 탐지하기 위해서 인공위성을 우주로 보내 방해하는 대기 없이 측정할 수 있게 해야 하지요. 내가 보기엔 좋은 절충안 같아요.

빛은 아니지만 그래도 파동이야
소리

지금까지 모든 파동에 대한 설명을 들었으니 여러분은 이제 음파에 대해 궁금해하고 있을지도 모르겠네요. 하지만 음파는 여기서 이야기한 파동과 같지 않아요. 빛의 속도로 우주를 이동하는 광파가 아니지요. 음파는 물질을 통해 훨씬 느리게 이동하는 진동이에요. 사실 음파는 빛은 필요로 하지 않는 무언가를 통해서만 이동할 수 있어요. 즉, 우주를 배경으로 하는 모든 영화에서 무언가 폭발할 때 들리는 쾅 하는 소리는 옳지 않지요. 음파는 진공 상태의 우주를 이동하지 못해요. 나는 조용한 폭발이 훨씬 더 극적인 것 같아서(그리고 약간 으스스하죠.) 할리우드 사람들이 왜 진실을 따르지 않는지 모르겠어요. 그들은 그저 우르르 쾅하는 폭발음에 대한 애정을 버릴 수 없는 걸까요?

음파는 또한 빛보다 훨씬 느리게 움직여요. 그래서 불꽃놀이가 하늘을 환히 밝힌 뒤 시차를 두고 폭발음이 들리지요. 하지만 전자기파 스펙트럼과 비슷하게 음파에도 여러 종류가 있고 우리 귀는 그중 일부만 들을 수 있어요.

너무 낮아서 들을 수 없는 소리는 초저주파음infrasound라고 해요. 낮게 우르릉거리는 소리인데 코끼리 같은 동물은 수 킬로미터 떨어진 무리와 의사소통하는 데 사용해요. 초저주파음은 지진과 같아요. 강해서 분명히 느낄 수는 있지만 들을 수는 없을 거예요.

그리고 (볼 수 없다고)언급했던 자외선처럼 너무 높아서 들을 수 없는 소리에는 초음파ultrasound라는 이름이 붙었어요. 초음파는 들을 수 없지만 특수 장비를 이용해서 이미지로 바꿀 수 있는데, 내부 장기나 성장하는 태아를 엿봐야 할 때 유용하지요. 인간의 가장 친한 친구인 개가 우리는 감지할 수 없는 높은 개 호각 소리를 들을 수 있다는 이야기를 들어 본 적 있을 거예요. 우리 또한 나이를 먹을수록 높은 주파수를 못 듣게 되기 때문에, 젊은 사람들만 들을 수 있는 음색이 몇 가지 있어요. 나는 이런 높은음들을 몇 가지만 아주 간신히 들을 수 있어요. 하지만 곧 그 소리들도 사라지겠지요.

우리는 우리만의 음파를 만들 수 있어요. 친구와 이야기할 때 진동을 만들어 공기를 통해 전달하고 친구의 귀는 그 진동을 듣고 이해하지요. 가시광선은 매우 수동적이라서 가시광선이 우리 몸에서 친구의 눈으로 튕길 때 그 자리에 있던 친구가 우리를 볼 수 있을 뿐이에요. 하지만 소리의 경우 우리는 음파를 만들기 위해 후두를 쓰면서 적극적으로 참여하지요.

사방에 내가 들을 수 없는 소리가 있어요.

일상 대화에 쓰이는 파동

그러니 다음에 누군가와 대화하게 되면 목구멍에서 어떻게 작은 진동을 만드는지 생각해 보세요. 그 진동은 연못에 떨어진 돌처럼 리듬감 있게 공기를 간섭하며 이동해요. 음파가 친구의 귀에 있는 작은 털에 부딪히면 작은 털들은 흔들리며 뇌에 전기신호를 보내고 수년 동안의 훈련과 교정을 거친 뇌는 소리, 단어, 문장 그리고 혀 차는 소리와 말투에서 실제 의미를 분석할 수 있지요. 하지만 너무 깊게 생각하지는 마세요. 그렇지 않았다가는 친구의 말을 듣지 못해서 친구에게 산만한 멍청이로 생각될 테니까요.

그런 게 인생이죠.

지구: 대기, 자기장, 표면으로 이루어진 행성

움직이지 않고 가만히 앉아 있을 때도 여러분은 놀라운 속도로 우주를 날고 있어요. 별 주위를 빙빙 돌면서 회전하는 암석(그것도 비교적 작은 암석) 위에 있기 때문이에요. 지금 이 순간 지구에 있는 우리는 모두 시속 10만 7,000킬로미터로 우주를 여행하면서 동시에 시속 1,600킬로미터로 회전하고 있어요.(적도지방 사람들은 극지방 근처의 사람들보다 더 빠르게 움직이고 있지요.) 우리가 이 굉장한 속도를 버텨 낼 수 있어서 기쁠 뿐이에요.

자연에 있는 많은 것들이 그렇듯 우리 행성은 모순적이에요. 지구는 아주 커서 자원이 무한하다고 생각하게끔 우리를 속일 수 있지만 다른 관점에서는 매우 작기도 해요. 여러분은 미국항공우주국NASA의 보이저 1호가 해왕성을 지나 태양계 밖으로 가는 도중에 찍은 지구 사진을 본 적이 있나요? '창백한 푸른 점'으로 널리 알려진 사진이지요. 그게 우리의 전부랍니다. 점 하나. 우리의 화려한 암석은 광대한 우주에서 아주 작은 오아시스에 불과하죠.

나도 종종 이 작은 행성을 당연하게 여겨요. 우리를 키우고 지탱하며 항상 우리를 위해 존재하는 것일수록 그 진정한 가치를 잊어버리기 쉬워요. 불행히도 사람들이 다들 갖고 있는 습관이죠. 예를 들어 지구, 엄마, 대표민주제 같은 것들이요. 우리는 이 모든 것들을 당연하게 받아들이지만 매시간마다는 아니더라도 매일 감사해야 한답니다. 이 모든 것이 없었다면 여러분은 여기서 책을 읽는 호사를 누리지 못했을 거예요.

사실 지구는 다양한 요인이 어우러져 오늘날 같은 장소가 되었어요. 정말 이 행성이 우리 모두에게 아주 좋은 집이라는 게 얼마나 행운인지요. 운이 좋지 않았더라면 우리가 여기서 이렇게 지구에 대해 말할 수 없었을 거예요. 하지만 다행히도 우리는 여기 존재하지요. 그러니 시작해 볼까요?

깊은숨을 쉬어 보자
공기에 관한 모든 것

크고 깊게 그리고 아주 부드럽게 숨을 쉬어 보세요. 느껴지나요, 폐 속으로 밀려드는 공기가? (혀를 의식하면 불안정하고 집중을 방해하는 것처럼 느껴지는 것과는 달리)호흡을 의식하면 즐겁답니다. 호흡에 주의를 기울이면 우리를 진정시키는 훌륭한 명상 효과가 있지요. 이제 다음 단계의 명상을 시도하고 싶다면 단지 숨 쉬는 행위, 즉 횡격막 근육을 사용해 폐를 끌어내리고 공기를 빨아들이는 유용한 물리 원리뿐 아니라 공기 속 작은 기체 분자에 대해서도 생각해 봐요.

우리에게 가장 익숙한 분자는 산소예요. 우리가 공기에서 사용해야 하는 중요한 기체이기 때문이지요. 공기에서 산소는 원자 2개가 결합한 상태로 존재해요. 전체 공기의 21퍼센트 정도만을 차지하지요. 이 순간 여러분이 폐 속으로 들이마시는 기체는 대부분 질소예요. 산소와 비슷하게 공기 속 질소 분자는 두 원자가 결합한 상태로 존재하지요. 하지만 산소 원자와는 다르게 두 질소 원자 사이의 결합은 깨기 굉장히 어려워요. 우리는 질소 기체로는 아무것도 하지 않아서 질소는 몸속으로 들어갔다가 바로 나오지요. 사실 세균 말고는 질소 분자로 뭐라도 할 수 있는 생물은 그리 많지 않아요.

어쨌든 우리는 산소(와 질소)를 약간 들이마신 후에 이산화탄소를 내쉬어요. 이산화탄소는 우리가 만드는 노폐물 중 하나죠. 모든 세포가 매일 자기 일을 하면 그 신진대사의 부산물로 이산화탄소가 만들어져요. 노폐물이 생기면 일을 망쳐 버리지 않도록 가능한 한 빨리 밖으로 빼내는 게 상책이에요. 바로 여기서 우리 몸은 놀라운 솜씨를 보여 주죠. 한 번의 호흡에 즉, 숨을 들이마시고 내쉬는 사이에 폐는 공기에서 산소를 잡아채고 순식간에 이산화탄소와 맞바꿔 두 기체를 빠르게 교환할 수 있어요. 이산화탄소가 호흡을 타고 몸에서 빠져나가 버려질 수 있게요.

이 모습은 우리가 수많은 자동차를 작동시키는 내연기관과 닮은 점이 있다고 일깨워 주기도 해요.(내연기관 자동차가 아니라 전기차를 몬다면 여러분은 멋지고 환경을 생각하는 사람이겠죠.) 바로 연료와 산소를 이용하고 이산화탄소를 배출하는 거지요.(대량이라면 큰 문제겠지만요. 그 문제에 대해서는 다시 이야기할게요.)

하지만 들이마신 공기에서 산소 분자를 마지막까지 전부 잡아채는 것은 아니에요. 내쉬는 숨 속에도 여전히 산소가 약간 들어 있어요. 마찬가지로 숨을 들이쉴 때마다 이산화탄소도 약간씩 들이마셔요. 완벽한 교환은 아닌 셈이죠. 그래도 숨을 쉴 때마다 산소를 얻는 한 대수롭지 않은 문제랍니다.

여러분은 이산화탄소가 거의 대부분인 공기를 마셔 본 적 있나요? 몸이 얼마나 빨리 그 사실을 알아차리는지 놀라울 정도랍니다. 나는 미생물 연구실에서 일할 때 이산화탄소를 얼린 드라이아이스를 가져오는 일을 자주 맡았죠. 한번은 창고에 미끈거리는 드라이아이스 한 조각만 남아 있었고 그 조각은 계속해서 손에서 빠져나갔어요. 두꺼운 장갑을 끼고 최대한 몸을 굽혀 허리 높이의 냉동고에서 조각을 잡으려고 노력했지요. 냉동고 속에는 이산화탄소 기체뿐이었는데 너무 오래 걸리는 바람에 결국 왜 숨을 참고 있었는지 잊고 본능적으로 폐 속으로 공기를 빨아들이고 말았어요. 그러자 바로 기침이 나고 숨이 막히기 시작하면서 내 몸은 격분했죠. 이런 경험을 해 보라고 추천하지는 않겠어요.

그러니 프리 다이빙[1)]을 하거나 드라이아이스 냉동고 안에 얼굴을 들이민 채 이 책을 읽고 있는 게 아니라면, 달콤한 지구 공기를 깊이 들이마시고 그 안에 여러분의 세포가 살고 일하기에 알맞은 양의 산소가 있음에 감사하세요. 세포들은 그 산소 없이는 살지 못한답니다.

1) 산소통 없이 자신의 호흡만으로 잠수하는 다이빙_옮긴이

푸른 하늘에 석양빛이 물들다
색 너머의 물리학

여러분이 숨 쉬는 모든 공기는 우리 행성에 존재하는 정말 환상적인 대기의 일부예요. 공치사하기를 좋아해서 하는 말이 아니에요. 우리 대기는 태양계에서 유례를 찾기 힘들 정도로 특별해요. 과학자들은 우주 어딘가에 비슷한 대기를 가진 행성이 분명히 있다고 생각하고 (우주는 아주 크니까요.) 그런 행성을 찾기 위해 노력하고 있어요. 어쨌든 우리를 감싸는 지구의 기체는 그야말로 최상급이에요.

무엇보다 대기의 두께가 완벽해요. 태양이 우리에게 보내는 온기를 적당히 유지할 수 있게 해 주죠. 그리고 덤으로 충분한 마찰력을 만들어 내 대기에서 작은 우주 잔해들을 태워 버려서 운석과 위성 부품이 쏟아져 내리면 어쩌나 하는 걱정을 할 필요가 없어요. 대기가 없었다면 정말 성가셨을 거예요.

대기의 멋진 '부록'은 겉으로 보이는 색깔이에요. 가능하다면 밖을 한번 보세요.(벙커에서 책을 읽고 있는 건 아니죠?) 구름 사이로 비치는 하늘의 사랑스러운 푸른색을 보세요. 앞에서 이야기했다시피 이 색은 보는 사람의 눈에 있어요. 하늘에 푸른색의 뭔가가 떠다니는 게 아니고요. 태양 빛이 우리를 향해 이동할 때 빛은 질소와 산소 같은 기체 분자에 부딪혀 주변으로 산란한답니다. 엄청나게 많은 구슬을 공에

던진다고 상상해 보세요.(하지만 실제로는 하지 마세요. 지긋지긋한 청소를 해야 하니까요. 아이고.) 그 구슬처럼 빛은 대기에 퍽 충돌해서 다양한 방향으로 꺾여요. 낮 동안 산란되어 마침내 우리 눈에 부딪히는 빛은 스펙트럼의 푸른색 부분에 있는 가시광선이에요. 적어도 우리 눈이 그렇게 해석한 것이지요.

파란 눈도 이 같은 현상 때문이에요. 인간은 파란 색소를 만들지 않아요. 파란 눈의 사람들은 갈색 색소만 아주 조금 생산하는데, 빛이 그들의 홍채 주위에서 튕길 때 스펙트럼의 파란 쪽에 있는 빛이 상대방 눈으로 반사되는 거예요.

어릴 때 “아름다움은 보는 이의 눈 속에 있다”는 말이 무슨 뜻인지 이해하지 못했지요. 혼란스러운 문장이었어요. 아름다운 눈을 가지고 있다, 뭐 대충 그런 의미라고 생각했어요. 하지만 지금은 이 오래된 격언에 진심으로 박수를 보내요. 하늘이 정말 파란 건 아니에요. 하늘을 볼 때 뇌가 파랗다고 해석하는 광파를 잡아 내는 거지요.

해질녘에는 하늘의 색이 달라져요. 지구가 자전하며 우리 행성의 그림자에 들어서면 태양에서 온 빛은 여분의 빛을 산란하며 대기를 훨씬 길게 지나가지요. 이 모든 산란 후에 더 긴 파장만이 우리 눈에 도달해서 석양은 무지개색의 아래쪽, 붉은색과 주황색으로 보이는 거예요.

석양의 아름다움에 영감을 받아 지어진 수많은 시가 있지만, 석양은 단지 지구 대기의 두께와 구성 요소가 만들어 낸 광파일 뿐이에요. 대기가 거의 없는 행성에는 화려한 석양이 없을 거예요. 태양은 거창한 의식 없이 수평선 뒤로 그냥 가라앉겠지요. 지루할 정도로 단출하게요.

왜 공기는 가만히 있지 않을까?

바람 부는 날씨

화려하게 빛이 흩어지는 석양을 보기 위해 밖으로 나가면 얼굴을 스쳐 지나가는 공기를 느낄 수 있을 겁니다. 대기 속 기체 분자들은 약한 바람이든 강한 토네이도든 끊임없이 움직이지요. 오후에 부는 상쾌한 산들바람을 맞으며 "아, 기분 좋아" 하고 다른 생각은 하지 않지만 "공기는 왜 가만히 있지 않는 거지?"하고 물어볼 만한 가치는 있어요.

바람이 부는 것은 여러분이 버스에서 (친구가 아닌)어떤 사람의 바로 옆에 털썩 앉지 않는 이유와 같아요. 자연의 모든 것들은 그러지 말아야 할 끝내주게 좋은 이유가 있지 않은 한 퍼져 나가기를 좋아하지요. 공기는 항상 압력이 높은 곳에서 낮은 곳으로 움직이며 압력이 같아지려고 노력해요.

하지만 논리적으로 이어질 다음 질문은 "애초에 공기 압력은 왜 다

른가?" 하는 거예요. 그건 태양 때문이에요. 별에서 온 복사선이 우리 행성을 데울 때 매우 불균등하게 데우지요. 대양, 호수, 산, 계곡, 구름, 이 모든 것들이 우리에게 도착한 태양에너지가 한 지역을 얼마나 데우는가에 영향을 줘요.

기체는 데워지면 차가울 때와는 다르게 행동해요. 원자와 분자들은 이리저리 더 빠르게 움직이며 위로 퍼져 나가요. 그래서 커피 잔의 김은 항상 위로 올라가죠. 그리고 공기가 식으면 원자는 느려져서 기체는 수축하고 가라앉게 되어요.(그래서 드라이아이스의 차가운 연기는 증기처럼 올라가지 않지요.)

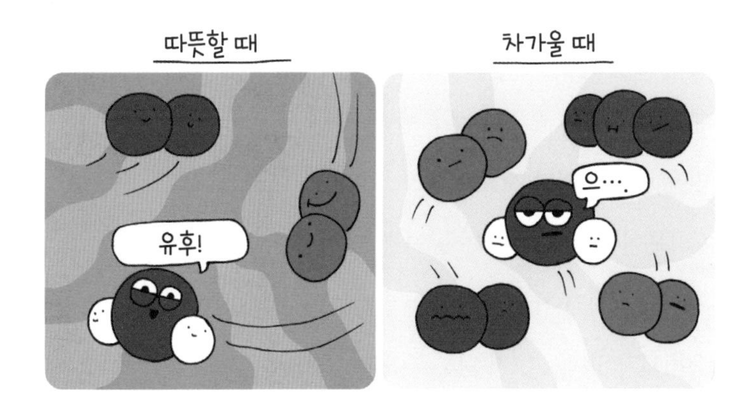

공기가 온기를 얻어 상승하면 그 지대는 저기압이 되어요. 그리고 기체는 불필요하게 무리 지어 있기를 싫어하는 만큼 공백(주변보다 압력이 낮거나 원자가 적은 지역) 역시 참지 못하죠. 언제나 문제를 해결하

려는 기체는 그 상황을 바로잡기 위해 달려가요.

마치 공기가 압력을 받고 움직이며 항상 균형을 맞추려고 노력하지만 결코 해내지 못해서 스트레스를 받는다는 말처럼 들릴 거예요. 상태는 계속해서 변하고 (산이든 나무든)온갖 종류의 장애물은 공기를 방해해 그 주위에서 흐름이 매우 빨라지게 하죠. 이 기체들은 동시에 너무 많은 일을 하려고 해요.

여러분이 스쳐 지나가는 공기를 느낄 때 공기는 어딘가에 있는 압력 차이를 고치러 가는 중이에요. 압력 차이가 그렇게 극명하지 않다면 흐름이 세지 않아서 그저 기분 좋게 느껴지는 상쾌한 바람일 거예요.

압력 차이가 크면 공기는 그 상황을 매우 심각하게 받아들이고 문제 해결을 위해 빠르게 돌진해요. 그 경우 바람은 가는 길에 새로운 문제를 일으킬 수 있죠. 우리에게요. 돌진하는 공기는 나무를 쓰러트리거나 각이 맞아떨어질 경우 회오리바람이 시작될 수 있어요.

하지만 소박하고 상쾌한 산들바람 역시 우리가 있는 이 회전하는 암석이 근처 별에 의해 데워진 결과물이에요. 바람은 나뭇잎을 바스락거리게 하고 새들이 비상하게 하지요. 공기는 항상 움직이면서 기대 이상의 결과를 선사하죠. 공기야, 잘했어!

방어 태세를 갖춰라!
자기장이라는 보호막

여러분은 현재 어떻게 여기에 있게 되었을까요? 부모님 덕분에? 여러분의 사회 · 경제적 지위 때문에? 또는 사랑스러운 성격 때문에? 아니에요. 지구가 주위에 자기장magnetic field을 만들어 낼 수 있었기에 여기 있는 거예요. 그 증거를 보고 싶다면 나침반이라 불리는 간단한 장치만 있으면 되지요. 그 장치에는 지구의 자기장이 밀어낼 수 있게 자유로이 돌아가며 북극을 가리키도록 만들어진 작은 금속 바늘이 있어요.

나는 나침반이 무엇인지 알지만 나침반을 생각할 때마다 약간 어리둥절해져요. 회전하는 우주 암석에 북극을 향하는 보이지 않는 힘이 항상 존재하고 그 힘은 금속 조각을 움직일 정도로 세다니! 만약 친구에게 우리를 둘러싼 보이지 않는 힘의 지배를 받는 간단한 장치가 있다고 말한다면 친구는 여러분과 관계를 유지하는 게 현명한 일인지

의심할지도 몰라요. 그런데 나침반이 항상 북쪽을 알려 준다는 사실도 놀랍지만 이 신비한 자기가 불러오는 또 다른 결과는 더욱 놀라워요.

나침반 바늘을 살살 미는 그 힘은 우리 행성 주위에 바깥 우주로부터 우리를 보호하는 거대한 방패도 만들어요. 여러분이 우주에 갔다 온 적이 있을지 모르겠지만 우주는 쾌적한 장소가 아니에요. 숨 쉴 공기가 없고 온도가 큰 폭으로 변한다는 사실 외에도 위험한 복사선이 있고 태양에서 방출된 대전입자의 흐름도 있어요. 이 흐름은 태양풍solar wind 이라는 문학적인 이름으로 불리지만 여러분을 죽일 수 있답니다.

사랑스러운 우리 행성의 자기 방어막은 우주의 위험한 것들을 비껴가게 해 줘요. 그렇지 않았다면 우주에서 오는 것들이 대기를 없애서 지구를 헐벗고 연약하게 만들고 결국 우리를 파괴했을 거예요. 세계의 종말을 불러오는 재난에는 선택할 수 있는 섬뜩한 상황이 너무나 많지만 이 경우가 아마 가장 무시무시한 선택지일 거예요.

나침반 바늘을 움직이는 것이든 우주로부터 우리를 보호해 주는 것이든 모든 자기가 우리 행성의 내부에서 비롯된다는 것은 정말 다행스러운 일이에요. 지구의 외핵에는 철분이 풍부한 '암석 수프'가 소용돌이치고 있는데 지구가 자전할 때 아주 많은 전기를 유도해 우리 행성을 하나의 거대한 전자석으로 바꾸죠. 바로 지금 여러분의 발밑에서 일어나는 일이에요.(음… 발밑 2,900킬로미터쯤에서요.) 이 점에서는 우리의 행운을 아무리 강조해도 지나치지 않아요. 행성이 이처럼 활

성 상태를 유지하면서 계속해서 비바람으로부터 거주자를 보호하리라는 보장은 없어요. 화성에는 한때 그러한 자기장이 있었을 수도 있지만 지금은 그렇지 않지요. 그래서 화성은 지형이 좀 울퉁불퉁하답니다.

만약 새벽 5시에 집 근처에 세워진 차에서 경보음이 울려 잠을 깨고 토스트를 태워 먹고 주스를 옷에 쏟고 아침에 버스를 놓치면서 시작부터 꼬이는 정말 환상적인 하루를 보내게 된다면 잠시 멈추고 우리 행성의 자기에 관해 생각해 보길 바라요. 작은 나침반을 사면 더 좋지요. 비록 북쪽이 어디인지 항상 알 필요는 없더라도 온종일 여러분을 지켜 주고 때로는 방향 안내까지 하는 보이지 않는 힘이 있음을 기억할 수 있어요.

땅이 생각보다 단단하지 않다고?
발밑의 움직임

암석 위에 있는 우리는 우주를 날아가면서 회전하고 있을 뿐 아니라 우리가 서 있는 땅 역시 움직이고 있어요. 많이는 아니지만요. 겉으로 견고해 보이는 땅은 여러분이 어디에 있느냐에 따라 연간 2.5센티미터에서 10센티미터 정도까지 천천히 움직이고 있어요. 시간이 흐를

수록 움직인 거리는 많아지겠죠. 만약 여러분이 5년 동안 같은 곳에서 살았다면 그 집은 이제 이사 왔을 때 있던 곳에서 50센티미터 정도 이동했을 거예요.

그렇다면 우리가 사는 땅은 왜 더디지만 끊임없이 움직이고 있을까요? 행성을 덮은 지각판들이 가만히 있지 않기 때문이지요. 지구 깊숙한 곳에서 소용돌이치는 움직임은 거대한 전자석뿐 아니라 지각 위에 떠다니는 조각들을 꾸준히 이동시키는 힘까지 만들어 내요. 우리 행성에는 13개의 주요 지각판이 있고 그 판들은 계속해서 서로 멀어지거나 밀고 들어가거나 스쳐 지나가고 있어요.

대부분 사람들은 땅을 걱정하지 않고 살아가고 있어요. 속 편하게 땅에 무심한 채로 이곳저곳을 걸어 다니지만 이따금 우르릉거리는 소리는 말 그대로 우리가 있는 땅이 불안정하다는 사실을 일깨워 줘요.

나는 지구의 두 지각판이 기나긴 세월에 걸쳐 서로 스쳐 지나가고 있는 남부 캘리포니아에 살고 있어요. 앞에서 지각은 매년 일정한 거리를 이동한다고 말했지만 그렇게 꾸준하고 느리게 그리고 예측할 수 있게 움직이는 건 아니에요. 그건 평균이죠. 때로는 잠시 멈췄다가 또 따라잡기 위해 크게 뛰기도 해요. 그런 일을 지진이라고 부르죠. 이런 판의 경계 근처에 살고 있다면 지구 깊은 곳에서의 움직임이 표면에 일으키는 문제를 몸소 느껴야 하는 것은 어쩔 수 없는 현실이에요.

하지만 행성의 운동이 이따금 땅을 흔들기만 하는 것은 아니에요. 낮은 흙더미를 산으로 만들기도 하지요. 지각판이 서로를 밀면 일부분이 위로 밀려 올라가 광대한 산맥이 되는데 우리 행성에서 가장 멋진 부분임이 틀림없어요. 내가 자란 곳이 시에라네바다산맥Sierra Nevada mountains이라서 한쪽으로 치우친 의견이긴 하지만요.

지구 표면을 가로지르는 이 판들의 움직임은 온갖 고통스러운 '재해'의 집합이에요. 화산, 지진, 쓰나미. 모두 파괴의 힘이지요. 하지만 창조의 힘이기도 해요. 지각판은 산을 만들고 화산은 하와이 같은 섬을 만들지요. 이는 인류에게 있어 큰 선물이라는 점에 다들 동의하리라 생각해요.

지각판이 끊임없이 움직인다는 것은 현재 대륙의 배치가 행성의 46억 년 역사에서 이전에 없었고 앞으로도 절대 없으리라는 의미이기도 해요. 지구의 매 순간은 그 나름대로 고유하고 특별하며 지금 여러분만이 그 순간을 경험할 수 있죠. 어쨌든 축하해요.

죽은 고대 생물이 자동차를 움직인다

화석연료

여러분은 지구의 지각판 중 하나에서 일을 보러 다닐 때 아마 매일 화석연료를 사용할 것입니다. 문명의 이기에서 떨어져 살면서 자전거만 이용해 이동하지 않는다면 말이죠. 나는 어제 차에 기름을 넣었어요. 펌프가 연료 탱크를 채울 때 난 펌프를 잡고 서서 허공을 바라보며 점심으로 무엇을 만들지 생각하고 있었지요. 바로 그 순간 차에 무엇을 넣고 있는지는 완전히 잊었어요. 사실 연료 탱크에 오래전에 죽은 생물의 익힌 잔해를 싣고 있는 겁니다. 그리고 그 잔해를 사용해 상점으로 운전해 가죠, 이런 잔인한 인간. 우리는 화석연료라고 부르면서도 이상하게도 그게 무엇인지 잘 잊어요.

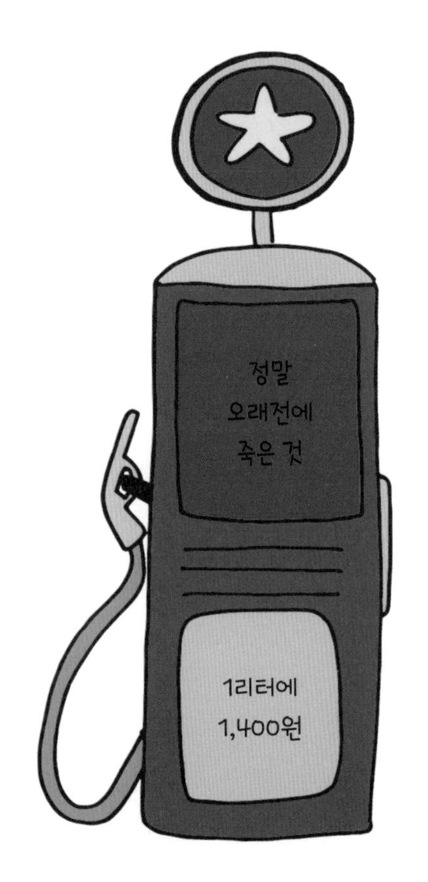

오래전 이 행성에는 번성하는 식물성 플랑크톤phytoplankton(식물처럼 광합성을 할 수 있는 물속에 떠 있는 조류algae)으로 가득한 고대 바다가 있었어요. 이 작은 유기체는 수백만 년 동안 존재해 왔고 오늘날에도 여전히 존재하지요. 그러나 1억 5,000만 년 전에서 5,000만 년 전 사이에 지구의 몇몇 장소에서는 그 무리가 다 죽어서 해양 묘지에 묻혔지요. 작은 몸을 구성하던 분자는 전부 부서져 지하 깊은 곳에서 열을 받았어요. 그리고 수백만 년의 세월이 흐르면서 새롭게 바뀌었지요. 그게 바로 석유예요.

세계의 몇몇 주요 장소에서는 아직 석유가 땅속의 다른 바위들 사이에 갇혀 있어요. 지난 백여 년 동안 우리는 상당히 고집스레 이 비축물을 찾아 표면으로 끌어올려 왔지요. 우리는 석유를 가공해서 차와 트럭, 비행기, 발전소에 넣고 싶어 해요. 플라스틱 같은 물건을 만드는 데에도 사용하고요. 이 물질은 불과 1세기 만에 우리 세계를 완전히 바꾸어 놓았어요.

죽은 생물을 이용하는 일 찾아보기!

우리는 또한 화석연료가 만드는 폐기물이 기후변화를 비롯한 여러 환경 재앙을 일으킨다는 사실을 알아요. 그래서 요즘 가능한 한 적게 사용해야 한다고 생각하고 있지요. 나는 기름을 낭비하고 싶지 않아서 기분 전환을 위한 드라이브를 오래 즐기지 않아요. 그리고 집에서 사용하는 전기 중 일부도 화석연료를 태워 만들어지기 때문에 방에서 나올 때 전등을 끄지요.

하지만 에너지를 낭비하지 않겠다는 이 생각조차도 곧 습관이 되어 버려요. 사용하지 않는 전화 충전기의 플러그를 뽑으면 물론 전기 청구서의 금액도 줄겠지만 오염물질을 덜 만들고 오래전에 죽은 아주 작은 고대 생물체의 유해를 보호할 수 있지요. 이는 우리가 모두 관심을 가져야 할 일이에요. 이 작은 고대 생물들이 석유로 변하기까지는 5,000만 년 이상이 걸렸으니까요. 그리고 그것이 사라지면 석유를 더 얻기 위해 수백만 년을 기다려야 해요. 여러분은 어떤지 모르지만 난 불을 켜기 위해 그렇게 오래 기다릴 생각이 없어요. 아마 우리는 땅속에서 발견하는 끈적끈적한 것을 대신할 에너지원을 찾을 수 있을 거예요. 아주 멋지지 않을까요? 장담컨대 그 에너지원은 공해도 덜 일으킬 거예요.

지구를 쫓아다니는 스토커라니!
달

여러분이 지금 어디에 있는지 모르겠지만 당장 밖으로 나갔을 때 하늘 어딘가에 있는 달을 볼 확률은 50대 50이에요. 마지막으로 달의 아름다운 얼굴을 바라봤던 때가 언제였나요? 가는 곳마다 따라다니며 떠 있는 우주 암석을 맨눈으로 볼 수 있다는 것은 정말 행운이에요.

태양계에서 달이 하나뿐인 행성은 지구가 유일해요. 수성과 금성은 달이 1개도 없어요. 불쌍한 행성들. 화성은 울퉁불퉁한 달이 2개 있고 다른 행성들은 대부분 아주 많지요. 이를테면 목성, 토성, 천왕성, 해왕성은 달이 수십여 개 있어요.(그리고 계속 더 찾아내고 있지요.) 사실 아주 많이 찾아내고 있는데 어떤 것들은 너무 작아서 달로 분류하려면 얼마나 커야 하는지 논의가 필요할지도 몰라요. 세상에, 아주 작은 왜소 행성 플루토조차 손가락 수만큼의 달을 갖고 있지요.

어떤 달은 소행성이 붙잡힌 거예요. 꽤 오래전에 지나가다가 행성의 중력 때문에 빠져나가지 못하고 달이 되었지요. 마치 저녁 파티에 왔다가 절대 떠나지 않는 손님 같달까요. 하지만 우리 달은 이렇게 주위를 어슬렁거리던 게 아니었어요. 수십억 년 전 끔찍한 우주 충돌의 결과로 만들어졌죠.

지구가 아직 만들어지고 있었을 때 꽤 커다란(대략 화성 크기) 무언가가 우주를 쏜살같이 달려와 아기 지구와 정면충돌하고 그 안에 있던 내용물을 우주로 쏟아냈어요. 지구에서 나온 물질과 난폭한 우주 비행사에서 나온 물질이 함께 들러붙었고 그 이후 줄곧 지구의 중력 때문에 함께 있어요. 비록 우리 생각보다는 훨씬 멀리 떨어져 있지만요.

그들이 떨어져 있는 거리

그래요, 우정의 시작은 상당히 순조롭지 못했지만 현재 수십억 년 동안 잘 지내오고 있어요. 우리의 어린 행성에 아무것도 부딪히지 않은 평행 세계가 있다면 그곳에는 우리를 따라다니는 달이 없었을 거예요.

그리고 이런 일이 있었던 게 다행이에요. 마치 끈에 매달린 공처럼 지구의 중력에 갇혀 달이 우리 주변을 돌 때 달 역시 지구의 불안정한 축의 균형을 잡아 주어서 지구의 기후를 안정시켰어요. 그 덕분에 이 행성은 생물에게 쾌적한 장소가 되었지요. 달이 아니었더라면 우리는 오늘날 이곳에 있지 못했을지도 몰라요.

하늘을 올려다보면 어떤 달이 보이나요? 반달 또는 가느다란 초승달? 아니면 늑대 인간을 자극하는 보름달? 우리는 한 달 동안 계속되는 이 아름다운 전시회의 앞줄 좌석을 가지고 있지만 밤하늘 올려다보기를 잘 잊고 달이 밤에 공연하는 진짜 이유에 대해 아무런 고민도 하지 않지요.

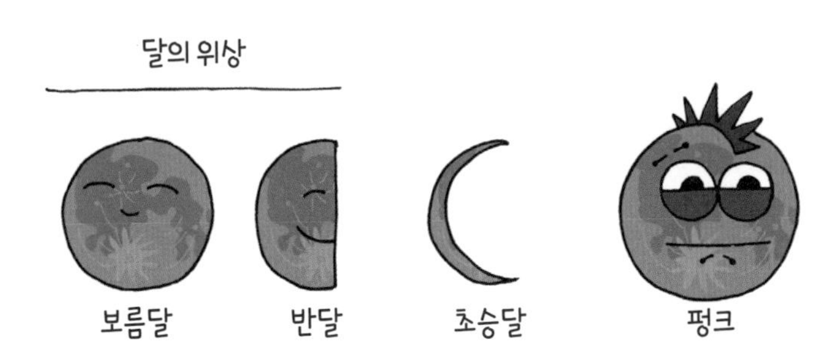

고백해요. 나는 성인이 될 때까지 달의 위상 변화를 설명하지 못했지요. 4학년 이후 학교 수업에서 천문학 현상을 전혀 다루지 않아서 미국항공우주국에서 일할 때까지 달에 대한 무지함이 내 주변을 빙빙 돌았어요. 농담이 아니랍니다. 이제부터 달의 위상 이야기를 해 보죠.

꼭 지구처럼(그리고 태양계의 다른 천체처럼) 달은 항상 반은 태양을 향하고 나머지 반은 어둠 속에 있어요. 한 면은 낮이고 다른 한 면은 밤이죠. 달이 우리 주위를 돌 때 우리는 달의 환한 얼굴이 달라지는 모습을 보게 되지요. '보름달'일 때는 태양을 완전히 마주 보고 있는 면을 보고 있는 거예요. 달이 계속 궤도를 돌면서 우리는 결국 태양계의 중심에 있는 별에 의해 반만 환해진 반달을 봐요. 그리고 마지막으로 한 달에 한 번 정도 달이 우리와 태양 사이를 지나가며 어두운 면만 보여서 달이 거의 보이지 않는 '삭'이 일어나죠.

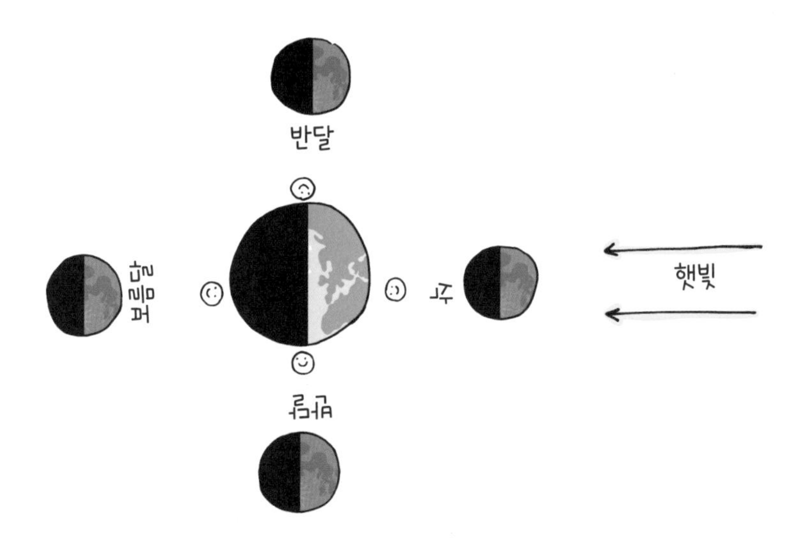

잘못 부르기 쉬운 달의 명칭을 빠르게 정리하기 위해 달의 '어두운 면'이라고 한 것을 눈치챘을지도 모르겠네요. 언제든 달의 절반은 어둠 속에 있지만 항상 어둠 속에 있는 면은 없어요. 하지만 우리는 달의 같은 면만 보기 때문에 '어두운 면'은 없지만 '먼 면'은 있어요. 달은 '조석 고정[1]'이라고 불리는 상태로 함께 있기 때문에 지구인은 달의 뒷면을 본 적이 없어요. 달이 우리 주위를 돌고 있다 해도 항상 같

1) 어떤 천체가 자신보다 질량이 큰 천체를 공전 및 자전할 때 공전주기와 자전주기가 일치하는 현상_옮긴이

은 면이 우리 행성을 향해 있지요. 마치 눈길을 절대 떼지 않고 주변을 빙빙 도는 섬뜩한 스토커 같아요. 달을 바라보면서 귀여운 분화구 무리가 있는 다른 면은 어떻게 생겼을지 상상해 보세요.

이제 먼지 자욱한 달에 서서 구름이 잔뜩 낀 푸른 행성 지구를 바라보는 기분이 어떨지 상상해 보죠. 어두운 우주를 배경으로 우리 집이 얼마나 특별하고 섬세한지 이해할 수 있을 거예요. 불행하게도 우리 같은 사람은 달에 결코 갈 수 없을지도 모르지만 차선책으로 상상은 해 볼 수 있지요.

달에 대한 흥미로운 정보와 매혹적인 우주물리학은 끝이 없지만(특히 월식!) 달의 가장 큰 장점은 태양계와 우주에서 우리의 위치를 일깨워 준다는 거예요. 우리 행성은 그 자체로 멋지긴 하지만 그저 자리를 잘 잡은 우주 거주지로, 태양에 의해 반만 환하게 밝혀지는 연약한 암석에 불과하답니다.

지구의 암석: 지질학, 지구의 역사와 함께한 원소들

우리는 가장 좋은 친구, 지구가 우리를 위해 만드는 물질에 둘러싸여 있어요. 그중에는 수억 년 걸려 만들어진 것도 있는데 나는 별 생각 없이 그냥 지나치거나 그 위에 커피 잔을 올려놓기도 하죠. 하물며 고맙다는 말도 하지 않아요.

내가 이야기하는 건 금속metal과 광물mineral, 결정체 그리고 평범해 보이는 암석이에요. 내가 가장 좋아하는 반지의 은silver이나 앞마당을 포장한 돌은 모두 우리 행성, 즉 놀라운 우주 암석에서 시작되었어요. 우리 삶에 어떻게 자리 잡았는지에 관계없이 뿌리는 같지요. 지구 내부의 소용돌이는 우리를 안전하게 지켜 주는 자기권을 만들 뿐 아니라 여러 물질을 변형시켜요.

지구의 원자 대부분은(유성meteor과 혜성comet에서 온 일부를 제외하고) 처음부터 이곳에 있었어요. 그리고 아주 긴 시간 동안 갖가지 조합을 이루며 가열되고, 으깨지고 또 가열되고, 이동하면서 지각에서 발견되는 여러 종류의 암석과 풍경을 만들어 왔지요. 밖으로 나가 땅을 보며 우리 행성이 대단하다고 감탄할 수 있지만 집에서 편안하게 타일이나 보석, 여러 장치를 살펴보면서도 같은 감정을 느낄 수 있답니다. 모두 어디에서 왔는지 생각해 보기로 해요.

앞마당에서 암석을 주워 보자
퇴적암

지구의 맨 위에 자리한 부분이자 매일 어김없이 보게 되는 지각을 생각하면 암석이 떠올라요. 그러면 비록 매우 인상적인 음악 장르인, 록음악(Rock music)에 암석(Rock)의 이름이 붙었다 해도 암석은 여전히 인정을 받지 못한다는 느낌이 들지요.[1]

기회가 된다면 암석을 한번 찾아보세요. 누군가의 앞마당을 꾸민 작은 돌멩이도 괜찮아요. 이리저리 살펴보며 어디에서 왔을지 상상해 보세요. 여러분은 바로 지구라는 행성의 작은 조각을 들고 있는 거예요. 그리고 그 돌이 운석이 아니라면(운석은 매우 희귀하니 운석을 발견했다면 축하해요.) 그 암석의 원자는 약 46억 년 전 이 행성이 시작될 때부터 존재해 온 거예요. 초기 태양계의 소용돌이치는 먼지구름 속에 있다가 함께 부딪히며 지금 우리가 사는 행성에 붙잡힌 원재료였지요.

---

1) 록 음악(rock music)의 록은 암석을 의미하지는 않지만 저자가 유머러스하게 빗댄 것_옮긴이

하지만 여러분이 들고 있는(또는 상상 속에서 들고 있는) 암석의 원자들은 내내 그곳에 자리잡고 있었던 것은 아니에요. 암석의 나이가 모두 같지는 않아요. 원자는 이곳에 있었지만 이리저리 이동하며 지구에서 시간을 보내는 동안 다른 원자와 여러 관계를 맺어 왔죠. 우리 몸의 원자가 끊임없이 다른 것들로 바뀌어 왔던 것처럼요.

여러분이 집어든 돌은 아마 퇴적암sedimentary rock일 거예요. 여러분이 살고 있을 것으로 추측되는 육지의 암석은 대부분 이 종류랍니다. 퇴적암은 물질이 층층이 쌓이며 함께 누르고 위에 쌓인 층의 압력을 받으면서 방대한 시간에 걸쳐 만들어졌어요. 화석이 발견되는 암석이죠. 층이 쌓이면서 때때로 죽은 동물들이 그 안에 갇혀서 보존되기 때문이에요.

퇴적암은 무엇이 쌓여 만들어졌는지 따져 볼까요? 퇴적암은 모래, 실트, 점토같이 성긴 작은 입자인 퇴적물로 시작되었어요. 모래sand,

실트silt, 점토clay라는 용어는 물질 속에 있는 실제 원자가 아니라 알갱이의 크기를 뜻한답니다. 해변 덕분에 우리는 모래와 친숙하죠. 모래는 주로 석영quartz으로 구성되는데 발끝으로 파고들면 기분 좋게 느껴지는 오톨도톨한 질감을 갖고 있어요. 실트와 점토는 훨씬 곱죠. 마찬가지로 석영으로 구성될 수 있지만 모래보다 알갱이가 더 작답니다.

여러분은 퇴적물을 규정할 때 정확히 퇴적물을 구성하는 광물이 무엇인지가 우선이라고 생각하겠지만 실제로는 입자 크기가 더 중요해요. 거기엔 그럴 만한 이유가 있어요. 굵은 퇴적물과 고운 퇴적물은 물이 섞였을 때 매우 다르게 작용하거든요. 모래 알갱이들은 물에 질감이 그리 크게 바뀌지 않을 만큼 굵지요. 젖은 모래는 여전히 거칠어서 의심할 여지없이 모래 같아요. 하지만 실트와 점토는 젖으면 진흙으로 변하죠. 입자가 고울수록 더 진흙 범벅이 되어 때때로 아주 짜증 나게 해요. 적어도 나에게는요.

가벼운 폭풍우가 몰아칠 때 네바다주 블랙록 사막Black Rock Desert의 실트 플라야playa [1] 한가운데에 있던 적이 있었어요. 가루 같은 호수 바닥은 마른 것처럼 보였지만 (빌린)차를 몰았을 때 축축한 실트 더미에 빠졌다는 것을 알았죠. 보이지는 않지만 곤경에 처했다는 사실을 재빨리 깨달았어요. 단순한 진흙이 아니었죠. 마치 상상할 수 있는 가장 두꺼운 케이크 반죽에 갇힌 것 같았어요. 나는 차에서 그날 밤을 보낸 후 휴대전화가 터지는 가장 가까운 고속도로까지 걸어가서 몇 시간을

1) 사막의 오목한 저지대로 비온 후 일시적으로 호수를 형성하기도 한다_옮긴이

운전해 나를 데리러 오라고 (아주, 아주 좋은)친구에게 전화했어요.

하지만 사막 한가운데서 누군가를 가두는 일 없이 시간을 충분히 갖게 되면 진흙은 암석을 만들 수 있어요. 퇴적물이 한곳에 자리를 잡고 그 위에 층층이 쌓이면 함께 눌려 돌로 변할 수 있지요. 실트 퇴적물은 실트암이 될 거예요. 진흙은 이암으로 바뀔 수 있고요. 모래는 사암이 된답니다. 퇴적물의 이름을 퇴적암 이름으로 정한 사람이 누구든 간에 감사하고 싶어요.[2] 뭐든 쉽게 만드는 게 좋은 거니까요.

여러분이 찾아낸(또는 찾아낼 예정인) 암석으로 다시 돌아가 보죠. 만약 내가 예상했듯 그 돌이 퇴적암이라면 퇴적물이 어디에서 왔는지 생각해 보세요. 그 암석을 만들기 전, 원자는 우리 행성의 다른 어딘가에 있었어요. 다른 암석 속에 있었거나 화산에서 분출되었겠죠. 그리고 바람과 비, 강물에 의해 또는 두더지의 발가락 사이에 끼어 어떻게든 이동해서 여러분이 지금 보고 있는 현재 모습대로 배치되었어요.

암석은 아주 견고하고 영원해 보이지만, 그저 원자의 수많은 삶 중 하나일 뿐이에요. 그 작은 돌멩이는 언젠가 어떻게든 더 작은 조각으로 부서져서 각자의 길을 가게 되고 아마도 새로운 퇴적암이 될 거예요. 오래된 암석이 부서져서 새 암석이 만들어지는 그 모든 일이 일어나는 데 수백만 년이 걸리겠지만요. 여러분은 지금 우리 행성의 표면에 잠시 머무르는 것을 쥐고 있을 뿐이에요.

그리고 이건 여러분이 들고 있는 한 암석의 이야기일 뿐이에요. 주

---

2) 우리도 퇴적물 이름에 '암'을 붙여 만드는데, 한 예로 진흙이 쌓여 만들어진 이암은 진흙을 뜻하는 한자 '이(泥)'에 '암(巖)'을 붙여 만든 것이다_옮긴이

변에 얼마나 많은 돌이 있는지 생각해 보세요. 우리가 들으려 한다면 기꺼이 자신만의 이야기를 들려줄 각각의 작은 돌 말이에요.

암석으로 고급스러운 주방을 만들다
변성암과 화성암

자, 퇴적암은 굉장해요. 하지만 거기서 그만두지 말아요. 고급 주방 조리대나 박물관 바닥에 많이 사용되는 대리석marble과 화강암granite처럼 곰곰이 생각해 볼 암석이 더 있으니까요. 이 두 암석은 종종 헷갈리는데 아마도 언제나 생활용품점의 진열장에 나란히 놓여 있기 때문일 거예요. 나 역시 헷갈리곤 했지요. 아주 멋진 이 암석들을 더 자세히 알아보기로 해요.

화강암은 마그마magma가 냉각된 것으로 수많은 광물이 서서히 식으며 여러 형태의 작은 덩어리를 형성하며 만들어져요. 그래서 그 특유의 화려하고 알록달록한 겉모습을 갖게 되지요. 정확히 어떤 성분이냐에 따라 매우 다양한 색깔로 나타나는데 이는 지구의 어디에서 만들어졌느냐에 따라 달라요.

화강암이 어떤 색이든 점이 얼마나 크든 간에 지구 속 내용물이 냉각된 거예요. 지하 깊숙이 소용돌이치는 뜨거운 암석 덩어리 속에 있었죠. 여러분이 암석 종류를 어렴풋이 기억한다면 이것은 화성암igneous rock에 속한다는 사실을 알 거예요. 용암lava이나 마그마가 냉각되어 만들어졌다는 의미지요. 우리가 가장 흔하게 접하는 화성암은 화강암이에요. 여러분이 엎어지면 코 닿을 곳에 화산암volcanic rock이 있는 하와이에 살지 않는다면 말이죠. 나는 하와이에 살지 않아서(살고 싶지만요.) 화강암이 내가 가장 잘 아는 냉각된 용암이에요.

반면에 대리석은 층으로 쌓인 암석이 압력을 받은 거예요. 매우 보기 좋은 색 띠가 있는데 회백색 바탕에 검은 줄무늬가 많죠. '전생'에 퇴적암이었기 때문이에요. 대리석은 대부분 한때 석회암limestone이었죠. 석회암은 죽은 지 오래된 바다 생물의 탄산칼슘이 쌓여 만들어진 암석으로 단단한 골격까지 함께 으깨져서 허옇고 얇게 벗겨지기 쉬워요. 하지만 대리석은 일반 석회암처럼 잘 부서지지 않아요. 석회암이 엄청나게 높은 압력과 열을 겪었기 때문이죠. 지하 깊은 곳에 묻혀 이미 상당히 단단하게 다져진 석회암층은 더욱 압축되고 분자가 재배열된답니다. 치즈 샌드위치가 구운 치즈 파니니가 되듯 석회암이 변한 것이죠.

대리석 같은 암석은 이렇게 변형되는 과정을 거쳤기 때문에 변성암metamorphic rock이라고 불러요. 하지만 그런 시련을 겪었는데도 여전히 자신의 정체성을 간직하고 있어요. 심지어 지구가 암석 파니니를 누르는 내내 화석을 계속 품고 있을 수도 있어요. 커다란 대리석 판에서는 때때로 오래전의 생물을 얼핏 볼 수 있지요.

다음에 화려한 은행 건물이나 대리석이 줄지어 늘어선 박물관에 가면 석판과 타일을 자세히 살펴보세요. 원뿔 모양이나 구불구불한 선 모양처럼 이상한 무늬가 보이나요? 그렇다면 조가비를 보고 있는 것일 수도 있어요. 그 생물은 살아 있었죠. 수억 년 전일 수도 있지만요.

얼마나 힘든 여정이었을지…. 이 생물은 먹이를 찾고 포식자를 피하기 위해 또는 종을 잇기 위해 짝을 만나기를 바라며 고대 바다를 헤엄치다 죽어서 층층이 쌓인 퇴적물 아래 묻혔어요. 그러고는 결국 암석을 변형시키는 행성의 압력솥인 지구의 지각 속 깊숙이 밀어 넣어졌지만 작은 골격은 어느 정도 온전하게 남았지요. 그런 다음 그 암석은 표면 가까이로 밀려났고 결국 인간이 찾아서 땅 밖으로 끌어냈어요. 그 후 여러분이 있는 건물에 설치된 거랍니다.

화강암과 대리석은 외관이 훌륭한 조리대 그 이상이에요. 이들은 부엌과 건물을 환히 밝혀 우리가 그 모습을 즐기게 해 줄뿐더러 지구의 작용을 엿볼 수 있게 해 주고, 이 행성에서 그들의 여정을 생각해 보며 그 속에 포함된 냉각된 마그마나 압력을 받은 층을 상상해 보는 시간도 선사해 준답니다.

우리가 좋아하는 반짝이는 것은 어디에서 올까?
금속

금을 세공한 장신구든 휴대전화의 구리든 남은 피자를 싸는 알루미늄 포일이든 우리 생활 속에는 다양한 금속이 있어요. 그 금속들 역시 모두 지구에서 왔어요. 누군가는 여러 금속으로 이루어진 큰 바윗덩어리를 끄집어내기 위해 지각을 파고들었고, 다른 누군가는 각각의 금속을 뽑아내고 녹여 새로운 모양으로 만들었어요.

하지만 지구는 그 금속을 만들지 않았어요. 금속은 우리 행성의 우주먼지에 있었거나 유성에 올라타고 우주를 달려오다 우리 행성에 오래전에 충돌했죠. 그러면 우주먼지와 유성은 금속을 어디에서 얻었을까요? 철, 주석, 백금이 우주에서 떠다니는 모습을 상상하자니 좀 이상하긴 하지만 모두 우주에 있답니다. 특히 큰 별이 폭발한 후에요.

이 좋은 것들은 전부 별에서 옵니다. 별과 별의 '방귀'가 없다면 우주는 가장 작은 형태의 두 원자인 수소와 헬륨으로만 이루어져 있을 거예요. 연소하는 커다란 가스 공 즉, 별 내부에서는 원자를 서로 융합시켜 더 큰 원소를 만들어 내는 반응이 일어나고 있어요. 이 과정에서 금속만 만들어지는 게 아니라 탄소와 산소(그리고 수소와 헬륨보다 큰 모든 원소)도 만들어지지만 지구에 금속원소가 많으므로 커다란 원자를 만드는 별 공장 이야기를 지금 해 보면 좋겠네요.

별은 더 큰 원소들을 널리 퍼트리기 위해 재미있는 분배 시스템을 갖고 있어요. 붕괴한 후에 폭발하는 것이죠.(힘든 하루를 보낸 나와는 순서가 반대죠.) 열심히 일해 만든 물질을 퍼트리기 위해 폭발하는 것은 내 방식은 아니지만 그래요, 별은 그렇게 해냈어요. 별이 수명을 다했을 때 흔히 일어나는 일이죠. (가장 가까운 별인)태양 역시 언젠가 죽을 테고 수십억 년 동안 구축한 성분을 우주로 내뿜게 될 것이며 이 성분은 새로운 태양계에 포함될 수도 있어요.

우리 행성에는 금속이 풍부하지만 그중 많은 수가 핵 깊숙이 가라앉아 있어요. 인간은 말 그대로 지구의 표면만을 긁어낼 수 있기 때문에 찾을 수 있는 게 제한적이죠. 그리고 금속이 희귀할수록 가치가 높다고 결정했어요.(또는 경제법칙이 정했죠.) 하지만 가치에 관한 모든 개념은 (다른 모든 게 그렇듯)지구 중심적이에요. 다른 세계로 통하는 문을 지나 금속의 빈도가 우리와 반대인 행성, 예를 들어 금이 풍부한 반면 알루미늄은 거의 없는 행성으로 이동했다고 상상해 보세요. 그들은 금박지로 피자를 싸고 깊은 애정의 표시로 서로에게 알루미늄 반지를 줄지도 모른답니다.

이제 금속이 어디에서 왔는지 알게 되었으니 정확히 금속이 무엇인지 분명히 하는 게 좋겠네요. 적어도 여러분은 그렇게 생각하겠죠. 지금 우리에게 명확히 결정된 정의는 없어요. 누구에게 묻느냐에 따라 다르지요. 화학자, 물리학자, 지리학자, 천체물리학자는 각각 조금

씩 다르게 대답할 거예요. 하지만 일반적으로, 그리고 이미 여러분이 직감적으로 생각하고 있을 금속은 흔히 밀도가 높고 단단하며 전기가 통하고 닦으면 반짝반짝 빛나 보이는 물질일 거예요. 금속에는 수십여 종류가 있고 반금속 방식으로 작용하는 메탈로이드metalloid도 몇 있답니다. 은, 금, 납lead처럼 친숙한 얼굴뿐 아니라 리튬lithium, 스칸듐scandium, 비스무트bismuth 같은 낯설지만 중요한 것들도 포함해서 90개가 넘는 금속류 원소가 있죠.

그러한 순금속 이외에 합금alloy이나 금속 혼합물이 있어요. 자연적으로 흔히 발생하는 것은 아니죠. 스테인리스강(철+크롬+다른 금속 몇 가지)이나 주철(철+탄소), 황동(구리+아연)처럼 바로 지금 여러분 주위에 있는 것들은 금속의 '중매쟁이' 역할을 하는 인간이 만들어 낸 결과물이에요. 그렇지 않았다면 그 원자들은 만나지 않았을 것이고 그렇게 배열되지도 않았을 거예요. 하지만 인간은 금속을 섞으면 혼자일 때 보다 훨씬 강한 물질을 만들 수 있다는 사실을 발견했어요. 아주 찰떡 궁합이었지요.

열쇠에서 요리 기구까지 일상에서 금속을 접할 때 그 물질이 지구나 사람에 의해 만들어졌는지, 그리고 원자들이 우리 행성의 일부가 되기 전에 어디서 왔는지 생각해 보세요. 집을 떠나지 않고도 원자의 우주여행을 함께할 수 있답니다.

유리창은 왜 투명할까?
유리를 통과하는 빛

많은 금속 외에도 여러분은 아마 매일 유리를 만질 거예요. 하지만 유리가 얼마나 이상한 물질인지 생각해 본 적은 거의 없겠죠. 유리는 주로 해변의 모래를 구성하는 것으로 만들어져요. 규소와 산소죠. 기묘하게도 석영과 원자 구성이 똑같지만 아주 작은 규모에서 보면 배열이 조금 달라요.

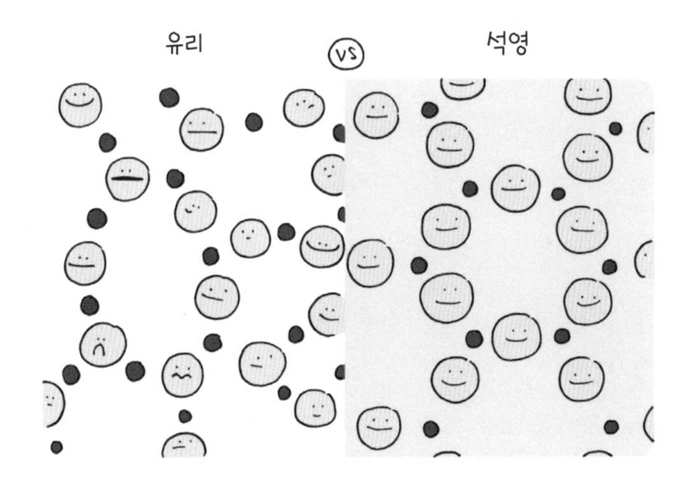

유리는 기본적으로 배열이 어지러운 석영이에요. 같은 성분이지만 유리는 여러분이 사용하는 유리컵이나 휴대전화 화면 모양으로 냉각되었을 때 완벽한 석영 배열로 정렬할 시간이 없었죠.

엄청 기이한 점은 유리가 고체의 정의에 완전히 들어맞지 않지만 액체도 아니라는 점이에요. 과학자들은 '무정형 고체' 또는 '단단한 액체'라고 부르죠. 유리는 고체 대부분이 갖는 조직화된 구조를 갖지 않아서 시간이 흐르면서 원자들의 위치가 조금씩 달라져 더욱 반듯한 배열로 자리 잡을 수 있어요. 그렇다고 눈에 보일 정도로 흐른다는 것은 아니에요. 유리가 중력을 받아 아래쪽으로 서서히 이동해서 오래된 유리창은 아래쪽이 더 두껍다는 이야기를 들어 본 적이 있다면 그 이야기는 사실이 아니에요. 유리는 모양을 유지한답니다.

하지만 어지러운 구조, 아니 조직화되지 않은 구조 때문에 유리는 쉽게 부서져요. 심지어 소리에 깨지는 경우도 있지요.

익살맞게 전해 내려오는 '유리를 깨트리는 오페라 가수' 설화에는 대개 바이킹 투구를 쓴 몸집 큰 여자가 고음을 내서 유리잔을 산산조각 내는 장면이 나와요. 하지만 유리를 깰 수 있는 건 높은 음역대가 아니라 각 유리 물체의 '공진 주파수'랍니다. 젖은 손가락으로 테두리를 문질러 웅웅거리는 소리를 내 보면 알 수 있어요.(주위에서 짜증을 내더라도 고급 식당이나 결혼식장에서 내가 가장 즐겨하는 일 중 하나랍니다.) 한동안 그 음을 충분히 크게 연주할 경우 유리가 진동하고 떨리기 시작하면서 결국 산산조각 날 수 있어요. 인내심을 갖고 그 음을 오랫동안 크게 부를 수 있다면 여러분도 할 수 있을 거예요.

또한 유리는 우리가 사용하는 물건 중 빛과 상호작용하지 않고 그대로 통과시키는 몇 안 되는 물질이기 때문에 특별해요. 우리는 이 점을 알고 있지만 창문을 내다볼 때마다 유리의 매우 진귀한 특성을 당연하게 여기고 말죠. 유리는 어째서 이렇게 할 수 있을까요?

2장에서 가시광선 이야기를 하면서(55쪽) 우리는 무언가를 볼 때 물체에서 튕겨 나오는 광파를 감지한다고 했어요. 하지만 빛이 무언가와 마주쳤을 때 튕기는 것만이 유일한 선택은 아니에요. 물체에 의해 흡수되거나 통과해 지나갈 수도 있지요. 광파는 무엇을 할지 어떻게 결정할까요? 그건 마주친 물질의 전자에 달려 있어요.

전자는 원자의 중심에 있는 양성자와 중성자 주위를 부산하게 돌아다니지만 전부 똑같지는 않아요. 전자는 마치 건물의 여러 층에 거주하듯 각각 별개의 에너지 층에 존재하지요. 들어오는 광파 역시 자신의 에너지 층이 있어서 같은 층에 있는 전자하고만 상호작용해요. 그 외에는 서로 절대 마주치지 않아요.

유리 속 (규소와 산소)원자의 전자는 가시광선과 겹치지 않는 에너지 층에서 지내요. 그래서 가시광선은 유리와 상호작용하지 않고 유리를

통과해 지나갈 수 있죠. 그러나 (유리를 타게 하는)자외선은 유리의 전자와 사는 층이 같아요. 자외선은 유리에 대거 흡수되기 때문에 실내에 앉아 있는 동안 여러분은 햇볕에 잘 타지 않죠.

그러니 다음에 유리잔으로 물을 마실 때는 더 주의 깊게 살펴보세요. 여러분이 들고 있는 물질은 매혹적이에요. 하지만 세레나데를 부르지는 마세요. 부서질지도 모르니까요.

빛나는 것의 비밀을 밝혀라!
다이아몬드와 결정

지구에서 나는 것 중 가장 유명하고 탐나는 한 가지는 다이아몬드예요. 많은 나라에서 특별하다고 생각하는 사람에게 다이아몬드를 주지요. 말 그대로 이 결정 때문에 사람들이 죽기도 했어요. 다이아몬드가 그렇게 대단한 이유가 뭘까요?

다이아몬드가 가치 있는 건 무엇보다 희귀하다는 점 때문이에요. 가장 가까이 있는 흙더미로 가 땅을 판다고 해서 그곳에서 시간을 보내던 다이아몬드와 마주치는 일은 없을 거예요. 다이아몬드는 찾기 힘들고 지구 표면 근처에 골고루 분배되어 있지 않죠. 행성 내부 깊숙이 매우 특정한 조건에서 만들어지기 때문에 우리가 찾아낼 수 있는 표면에 가까워지는 일은 좀처럼 없어요.

하지만 따져 보면 다이아몬드는 탄소 원자 꾸러미에 불과해요. 우리 몸이 대부분 탄소로 구성된다는 사실을 알면 탄소 한 덩어리를 가지는 게 그리 대단한 일은 아닌 듯이 보일 거예요. 하지만 이 원소는 내버려 두면 꽤 흥미로운 일을 한답니다.

탄소는 두 가지 유형의 결정을 만들 수 있어요. 하나는 다이아몬드, 다른 하나는 흑연이에요. 흑연(연필심을 만드는 것)의 탄소 원자는 고리 형태로 서로의 위에 층층이 배열되어요. 이 물질이 쇼핑 목록을 끄적이고 미소 짓는 원자 그림을 그리는 데 매우 편리한 것은(후자는 내게만 해당할지 모르지만요.) 이 탄소판들이 종이 위에 쉽게 떼어 내지기 때문이에요.

하지만 탄소 원자가 믿을 수 없을 정도의 높은 온도와 압력(행성 깊숙한 곳에서만 존재하는 잔인할 정도의 상태)으로 함께 눌리면 우리가 다이아몬드라고 부르는 격자 모양으로 자신을 배열해요. 우리 행성에서 가장 단단한 천연 물질이죠.

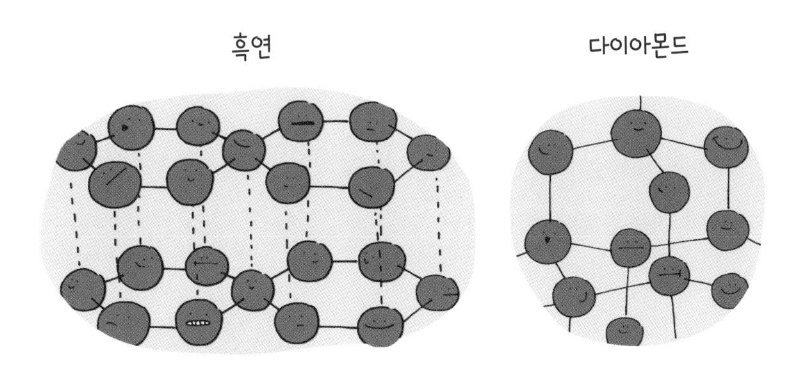

다이아몬드는 만들어지는 데 시간이 좀 걸려요. 정확히 얼마나 걸리는지 모르지만 몇 백만 년일 것으로 예상하죠. 다른 형태의 여러 결정체도 마찬가지예요. 이는 곧 지구가 젊었을 때는 다이아몬드나 루비나 사파이어 같은 값비싼 결정을 갖고 있지 않았다는 의미예요. 재료들은 있었지만 아직 요리하지는 못했죠. 오늘날 우리가 찾을 수 있는 많은 결정체는 마치 제빵사가 밀가루, 설탕, 달걀, 버터를 사용해 끝없이 다양한 쿠키를 구워내듯 우리 행성이 수십억 년 동안 다른 원료들을 함께 섞어 낸 결과물이에요.

바로 이 순간 발밑 깊숙한 곳에서 무언가 결정이 만들어지고 있다고 잠깐 생각해 보세요. 대부분은 결코, 절대 볼 수 없겠지만 때때로 지구 내부의 끊임없는 회전과 지각의 움직임 덕분에 일부는 우리가 (약간 파서)찾아낼 수 있는 표면으로 올라와요.

도시를 건설하려면 필요하지
시멘트와 아스팔트

보통 주변에서 자갈이나 대리석, 화강암, 결정체 말고는 자연 암석을 보는 경우는 드물어요. 대신 주로 보는 것은 도시의 재료인 콘크리트 concrete 와 아스팔트 asphalt 지요. 그런데 이들은 어디서 왔을까요? 정확히 콘크리트와 아스팔트는 무엇일까요?

시멘트cement는 기본적으로 인간이 만든 퇴적암이에요. 여러분이 살 수 있는 마른 시멘트는 점토와 기타 광물에 석회암을 섞어 만든 가루죠. 이 가루에 물을 붓고 섞어 마르게 놓아두면 사람들이 사랑하는 아주 튼튼한 형태의 인공 암석이 되어요. 원하는 어떤 형태로든 만들 수 있지요. 시멘트가 깔린 도로를 바라보며 지구 지각에서 그 기본 구성요소가 어떻게 가장 흔한 물질 중 하나가 되었는지 그리고 우리의 도움이 없었다면 어떻게 이렇게 배열할 수 있었을지 생각해 보세요.

콘크리트 내 석회암에 대해서도 생각해 보죠. 도로의 구조를 지탱하는 탄산칼슘은 산호와 달팽이 껍질 그리고 수백만 년 전에 살았던 작은 해조류나 다른 생물들의 외골격에서 왔어요. 한차례 변형되어 석회암이 되었지만 인간은 그 물질을 가져다가 다른 것을 만들었죠. 두 무리의 생물(처음에는 달팽이, 그 다음은 우리)이 기본 원자의 배열을

변화시켜 더 놀라운 무언가로 바꿨어요.

회색 시멘트 도로 바로 옆에는 다른 구성 물질이 있는데 블랙탑blacktop, 포장도로pavement, 타맥tarmac 또는 롤드 아스팔트rolled asphalt로 알려진 아스팔트 도로예요. 아스팔트 역시 콘크리트 속 석회암처럼 죽은 무언가까지 그 기원을 거슬러 올라갈 수 있어요.

앞서 3장에서 화석연료에 대해 이야기하지 않은 게 있어요. 땅에 묻혀 구워지며 석유로 바뀔 수도 있었던 일부 조류는 석유가 되지 않고 우리가 아스팔트라고 부르는 것이 되었다는 거죠. 아스팔트는 탄화수소hydrocarbon와 냄새나는 유기화합물organic compound, 산의 혼합물이에요. 석유가 묻힌 곳에서 아스팔트도 발견되지요. 인간은 수천 년 동안 점착성이 있고 끈적거리는 아스팔트를 바구니에서 선박에 이르기까지 방수 처리하는 모든 곳에 사용해 왔죠. 지금은 주로 도로와 지붕을 만드는 데 쓴답니다.

인간은 이 물질로 풍경을 바꾸고 사람들을 서로에게 연결하는 도로를 건설하며 많은 일을 해 왔어요. 그런데 시멘트나 아스팔트는 얼마나 오랫동안 유지될까요? 만약 지금으로부터 100만 년이 지나 외계인이 지구에 찾아왔는데 호모 사피엔스*Homo sapiens*가 멸종된 지 오래라면 그들은 무엇을 찾아낼까요? 그들은 광대한 콘크리트 고속도로의 흔적을 발굴하고 우리가 그것으로 무엇을 했을지 궁금해할지도 몰라요.

인간이 지구에 너무나도 깊은 영향을 끼쳐서 새로운 지질시대를 열었다고 주장하는 과학자들도 있어요. 인간의 시대라는 의미로 인류세Anthropocene라고 부르지요. 이건 사소한 일이 아니에요. 우리는 대멸종과 극적인 기후변화처럼 세계를 변화시키는 사건에 기반을 두어 지구의 역사를 나눠요. 이를테면 (새의 조상을 제외하고)공룡을 끝장냈던 사건으로 백악기Cretaceous Period가 끝났다고 정했던 것처럼요. 대개 지질학적 시대의 구분은 재앙이 일어난 시점을 전후로 나누기 때문에 새로운 시대가 시작되었다는 것은 좋은 뜻이 아니지요.

지금으로부터 수백만 년 후 콘크리트는 지구가 아닌 인간이 만든 암석으로서 새로운 경계의 기준이 될 수도 있을 거예요. 그게 우리가 지구에 남긴 유일한 표식이 되겠지요. 수백만 년 후에 존재하는 지적인 생물 종이 무엇이든 간에, 그것 때문에 인류를 너무 이상한 동물로 생각하지 않기를 바라요.

광합성: 한 포기의 풀도 할 수 있는 굉장한 일

햇빛을 사용하는 식물의 아주 뛰어난 재주 덕분에 여러분이 존재한다는 사실을 알고 있나요? 삶을 유지시키는 음식과 숨 쉬는 공기 모두 식물 덕분에 생겨나지요. 만약 이 잎이 무성한 생물이 모든 활동을 포기한다면 우리는 살아남을 수 없을 거예요.

사실 이 조용한 녹색 생물은 보잘것없는 척 우리를 속이고 있어요. 게다가 대부분의 식물은 소극적으로 보이지요. 풀이 자라는 것을 관찰하는 게 세상에서 가장 지루할지도 모른다는 생각이 들 정도예요. 하지만 풀을 밟기 전이나 그 위에 앉기 전, 한 번이라도 풀 한 포기를 본 적이 있나요? 사실 하찮아 보이는 식물은 불가능할 것 같은 일을 해내고 있어요. 바로 빛을 사용해 스스로 '음식'을 만드는 일이지요. 최신 기술을 적용해 복잡한 제조 과정을 거쳐 탄생한 태양 전지판은 태양에너지를 포착하는 데 거의 도움이 되지 않지만 작은 풀잎(과 수백만 종의 식물)은 자랑하지도 않고 온종일 그 일을 해요. 이 장에서는 식물이 어디에서 에너지를 얻는지 잡초는 왜 그렇게 강력한지 그리고 식물이 중력을 어떻게 이겨내는지 알게 될 거예요.

식물은 어떻게 일하는 걸까?
광합성의 정의

남극대륙의 한복판에 있지 않은 한(만약 그렇다면 남극에 도착한 것을 축하합니다.) 여러분 주위에는 아마 식물이 있을 거예요. 나무, 관목, 풀, 선인장 같은 것 말이에요. 어디에나 식물이 있다니, 놀랍지 않나요?

아주 어릴 때 우리는 식물이 이 모든 '생존' 사업을 계속하려면 기본적인 몇 가지만 있으면 된다고 배워요. 바로 자랄 장소와 물과 햇빛이지요.

식물은 가장 가까운 별에서 오는 복사선으로 무엇을 하고 있을까요? 여러분과 내가 볼 수 있는 바로 그 빛, 즉 가시광선은 식물이 몸을 만드는 데 사용하는 에너지를 제공해요. 이건 시간을 좀 들여 설명할 거예요. 우리는 식물이 하고 있는 일을 '광합성photosynthesis'이라고 부르는데 더 나은 이름을 아무도 생각해 내지 못했기 때문이에요.(바뀔 수 있을까요?) 많은 이들에게 친숙한 용어이지만 가장 오해받는 과학 개념 중 하나예요. 용어를 쪼개 보면 아주 간단하게 들려요. 광은 '빛'을 의미하

죠. 멋지네요. 그리고 합성은 '뭔가를 만든다'는 뜻이에요. 여러분 주위의 식물들은 바로 지금 이 일을 하고 있어요. 광합성을 하고 있지요.

자, 이 과정을 처음부터 살펴보며 식물들이 무엇을 하느라 바쁜지 알아보죠. 사랑스러운 태양계의 중심에서 태양은 많은 양의 복사선을 내보내고 있어요. 그 에너지는 사방으로 퍼져 나가며 우주의 다른 행성과 달, 소행성에 부딪히고 일부는 모든 것을 피해 태양계를 완전히 떠나지요.(그래서 멀리 떨어진 행성의 외계인들은 밤하늘에서 반짝이는 별인 태양을 볼 수 있게 되지요.) 하지만 곧장 지구에 있는 우리를 향하는 복사선도 있어요. (1년 중 시기에 따라 조금 더 가까이 있거나 멀리 있는 차이는 있지만)1억 5,000만 킬로미터를 날아와서 일부는 대기에서 튕겨 다시 텅 빈 우주를 향해 날아가요. 하지만 일부는 대기를 통과해 지구 표면을 비추고 그곳에 있던 식물과 나에게 멋진 오후를 선사하죠.

이 복사선은 아주 강렬해서 태양을 바로 볼 수 없고(여러분도 시도해서는 안 됩니다.) 자외선 차단제를 바르지 않으면 고작 30분 정도만 노출되어도 화상을 입을 거예요. 하지만 식물은 온종일 밖에 있지요. 유난히 덥고 화창한 날에 종종 창밖을 내다봐요. 그리고 에어컨 바람을 즐기며, 아직도 밖에 꿋꿋이 서 있는 식물을 보고 "넌 타협하지 않는구나" 생각하지요.

하지만 압권은 그게 아니에요. 절대 아니지요. 태양에서 오는 빛 중 일부는 작은 풀잎에 우연히 닿게 되는데 그때 정말 놀라운 일이 일어

나요. 식물 세포 안에서 무언가를 만드는 반응에 시동을 걸죠.

자연에서 무언가를 만들기 어렵다는 사실을 명심하세요. 어떤 맥락에서든 어렵다는 거예요.(가장 간단한 향신료 선반이라도 만들어 보려고 했던 적 있나요?) 무언가를 파괴하는 것 즉, 분해하는 편이 훨씬 쉽고 재밌을 때가 많아요. 모든 동물처럼 우리 인간은 파괴하는 데 뛰어나지요. 인간이 이 행성에서 일으키고 있는 재앙을 이야기하는 게 아니에요. 단지 우리 주변에서 인간이 분해하고 흡수할 수 있는 준비된 에너지원을 찾아야 한다는 거지요. 우리가 먹어야 하는 이유예요. 우리는 뱀

파이어나 좀비보다 나을 게 없어요. 다른 생물체를 죽여서 그 생명을 빨아먹지 않고서는 존재할 수 없지요.(뱀파이어나 좀비는 우리에게 그런 짓을 해서 혐오의 대상이 되지요.)

하지만 식물은 완전히 달라요. 식물은 아무것도 먹지 않지요.(아니, 물론 파리지옥처럼 식충식물도 있지만 대부분은 아니에요.) 식물은 스스로 양분을 만들어요. 내가 샌드위치를 '만드는' 것과는 다른 방식이죠. 식물은 햇빛을 사용해 식량 생산 엔진을 가동하고 이용 가능한 가장 원초적인 재료인 이산화탄소와 물로부터 자신의 식량을 만들어 내요. 식물을 태양이라는 에너지 덕분에 돌아가는 아주 작은 공장이라고 생각해 보세요.

요약하자면 식물은 햇빛을 이용해 물을 원자 단위로 쪼개는 방법을 알아냈어요. 정말 대단한 일이에요. 여러분은 물을 쪼개 본 적 있나요? 힘들 거예요. 물은 있는 그대로의 자신을 좋아해서 여러분이 물에게 쪼개지라고 요구한다고 해서 변하지 않으니까요. 하지만 식물은 값비싼 실험 도구도 없이 이 화학적인 업적을 이뤘어요. 전자기파를 흡수하고 그 에너지로 물(H_2O)을 쪼개어 물 분자 속 수소 원자와 산소 원자를 풀어 주고 에너지를 방출해요. 그게 핵심이죠.

식물은 물을 쪼개서 얻는 에너지로 공장을 운영해요. 식물의 성장은 결과적으로 우리를 살아남게 해 주는데, 물이 쪼개지면서 다행히도 산소 기체를 방출하기 때문이지요. 바로 여러분과 내가 호흡하는 그 산소 말이에요. 이 문제는 이 장의 뒷부분에서 더 이야기할 거예요.

물이 많은 에너지를 갖고 있다니 이상하지요. 우리는 물을 조용하고 잔잔한 물질이라고 생각하니까요. 하지만 개개의 물 분자에서 수소와 산소는 화학결합으로 결합해 있고 그 결합에 에너지를 저장해요. 이 결합을 깨뜨리면 마치 작은 폭탄이 폭발하는 것과 같은 에너지가 생겨요. 그 과정은 자동차가 석유의 원자 결합에 저장된 에너지로 움직이는 방식과 비교할 수 있어요.

물을 쪼개서 방출되는 에너지로 식물은 탄소 원자들을 엮어 만능 구성 요소인 포도당glucose 고리를 만들어요. 그리고 포도당을 함께 쌓아서 (식단에서 섬유질fiber이라고 하는)섬유소cellulose와 녹말starch,(감자를 생각하세요.) 당sugar(사과 같은 것들)을 만들거나 아니면 다시 포도당을 분해해 에너지를 얻을 수 있어요. 식물이 "스스로 음식을 만든다"는 말은 그런 의미랍니다. 햇빛을 사용해서 포도당을 만들고 그 후에 '먹을' 수 있지요.

결국 광합성은 우주에서 건너온 에너지가 작은 세포 속 기계에 투입되어 생물이 사용할 수 있는 화학결합에 저장된 에너지로 변한다는 뜻이지요. 아마 여러분은 이런 생각을 깊이 하지 않고 풀밭에 앉아 있었을 거예요.

식물은 생존에 많은 것이 필요하지 않다
물, 햇빛, 공기

이틀 동안 캠프를 가기 위해 챙겨야 할 것들을 모두 떠올려 보세요. 현대 인간은 아주 많은 게 필요해요. 텐트, 침낭, 장작, 음식…. 윽, 벌써 귀찮군요. 그냥 집에 있어야겠어요. 식물인 편이 훨씬 낫지요. 식물은 짐을 가볍게 챙기고 아주 적은 것으로도 그럭저럭 지낼 수 있으니까요. 질투가 나네요.

앞에서 식물에게 정말 필요한 것들을 언급했어요. 바로 자랄 장소와 물과 햇빛이죠. 하지만 말하지 않은 요건이 하나 더 있는데 바로 공기예요. 식물은 공기 없이 자랄 수 없어요. 더 구체적으로는 공기 속 이산화탄소 없이는 자랄 수 없지요. 아마 광합성이라는 전체 그림에서 가장 이해하기 힘든 부분일 거예요. 식물은 주변 공기에서 몸의 주요 성분인 탄소를 얻지요. 그렇게 말하면 터무니없는 소리처럼 들려요. 우리는 대부분 공기를 중요하지 않게 생각하니까요.

공기는 분명 암석 1개나 물 한 바가지보다는 밀도가 낮지만 엄연히 질량이 있어요. 토네이도를 경험했거나 강한 돌풍을 버텨 냈던 사람이라면 공기에 어떤 힘이 있는지 확실히 알려 줄 수 있을 거예요. 공기가 빠르게 움직이면… 세상에, 집에서 지붕을 떼어 낼 수 있지요! 그리고 고체 이산화탄소인 드라이아이스 덩어리를 집으면 이산화탄소가 질량을 가지고 있다는 것도 알 수 있을 거예요.

이제 여러분이 본 중 가장 큰 나무를 생각해 보세요.(그 나무가 세쿼이아 국립공원Sequoia National Park의 2,000년 된 제너럴 셔먼General Sherman인가요? 자랑하려는 건 아니지만 나도 본 적 있어요!) 그 나무는 스스로 만들어졌어요. 혼자서요. 자라기 위해 다른 생물의 생명을 빨아먹지 않았다는 말이지요. 나무는 몸통과 껍질, 가지, 잎을 만들어 내요. 이산화탄소와 물만으로 이 모든 걸 이뤄 냈지요. 이게 놀랍지 않다면 뭐가 놀라울까요?

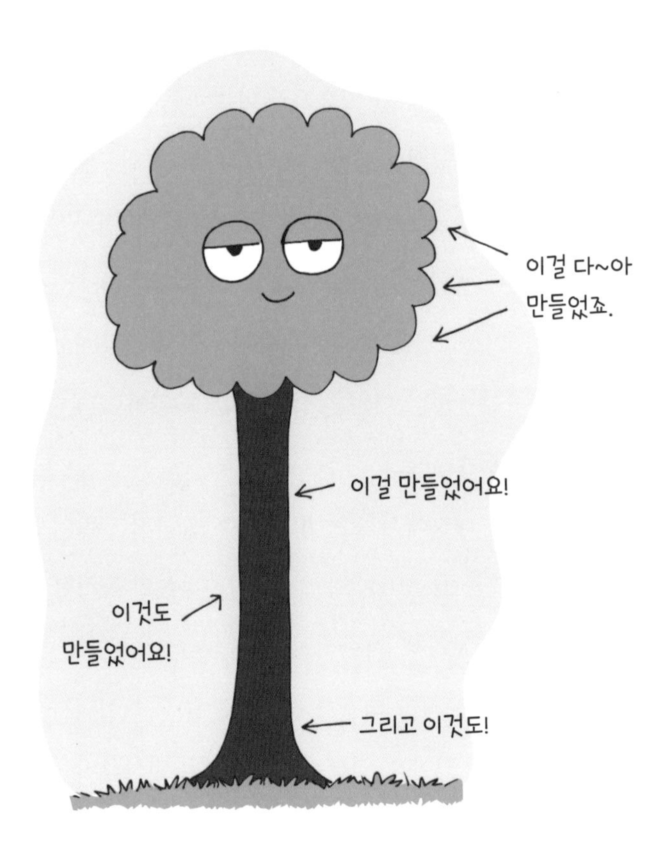

광합성은 기초 생물학 중 최고의 기밀일지도 몰라요. 하지만 광합성을 배우기 시작하면 이 과정의 자세한 내용을 외우느라 광합성이 진짜 무엇인지는 잊어버려요. 나도 다르지 않았어요. 학교에서 이 복잡한 과정의 중간 단계를 외우며 핵심 정보를 다 살펴보았지만 정작 큰 그림은 놓칠 때가 많았죠.

진짜 문제는 광합성이라는 용어가 이 과정이 얼마나 놀라운지 그리고 지구 생물에 의해 완성된 지 수십억 년이 지난 후에도 얼마나 혁신적인지를 도무지 담아내지 못한다는 점이에요. 광합성은 진지하게 브랜드 이미지 쇄신 운동을 할 필요가 있어요. 너무 오랫동안 이 상태로 내버려 두었어요. 광합성은 이제부터 '태양-물-폭탄-당-만들기'라고 불려야 해요. 하지만 모르겠어요. 난 홍보 쪽에는 뛰어나지 않아서요. 뭐라 부르든 간에 광합성은 아주 손쉬운 자원들을 이용하는 독창적인 시스템이에요. 이산화탄소가 죄다 사라질 위험도 없고(사실 이 골칫덩어리는 너무 많아서 문제예요.) 햇빛은 쉽게 구할 수 있어요.(알다시피 몇십억 년 후에 태양이 죽을 때까지요.)

하지만 식물은 태양에서 오는 빛을 다 사용하지는 않아요. 광합성(어, 음, 태양-물-폭탄-당-만들기)을 할 때 가시광선의 특정한 부분을 이용하지요. 식물은 보라색, 파란색, 붉은색 빛을 상당히 좋아한답니다. 엽록소chlorophyll 같은 식물 색소가 흡수하는 주요 색이니까요. 하지만 초록색은 사용하지 않아요. 엽록소는 초록색을 반사하지요.

특이하게도 식물은 초록빛을 버리고 버려진 그 초록빛이 우리 눈에 부딪혀 뇌에 등록되기 때문에 초록색으로 보여요. 식물이 가장 적게 사용해서 우리에게 그 색으로 알려진다니 다소 이상하지요. 하지만 누군가 버린 쓰레기를 살펴보면 그 사람을 알 수 있어요. 물론 추천하는 방법은 아니지만요.

물은 뿌리에서 잎까지 어떻게 이동할까?
중력을 이기는 식물

태양-물-폭탄-당-만들기 또는 광합성의 핵심 성분은 물이에요. 그런데 물이 어떻게 식물로 이동하는지 궁금했던 적 있나요? 뿌리가 땅에서 물을 끌어당긴 후 뿌리에서 광합성이 일어나는 잎까지 어떻게 올라가는 걸까요? 풀 한 포기에서는 이 재주가 놀라워 보이지 않지만 키가 큰 나무를 생각해 보세요. 도대체 그런 식물은 높이 있는 잎까지 어떻게 물을 충분히 보낼 수 있지요? 그러니까 나무에 물 펌프가 있는 것도 아닌데 말이에요.

이 현상은 광합성에 필적할 만큼 굉장해요. 물의 고유 특성 덕분에 물은 중력을 거슬러 나무 속에서 위를 향해 이동하지요.

물이 식물 속에서 이동할 수 있는 건 두 가지 주요 성질 때문이에요. 첫째, 물은 증발해요. 둘째, 물은 스스로를 '좋아한다'는 거지요. 두 번째 성질에 관해서는 다음 장에서 더 이야기할게요. 물 분자가 서로 약하게 끌어당기는 힘이 있다는 점에서 일종의 '점성'이 있다고 생각해 봐요. 나무의 몸통이나 나이 든 식물의 조직 내에서 물 분자들은 모두 '손'을 잡고 줄지어 서 있어요. 손이란 물 분자 사이에 작용하는 다소 약한 힘인 수소결합을 의미하지요. 잎에서 물이 증발할 때 떠나는 분자는 이 커다란 사다리에서 뒤에 있는 분자를 약하게 잡아 당겨요. 이 효과 덕분에 물은 식물 속에서 천천히 이동하며 잎까지 도달하게 되고 식물은 자기 일을 계속할 수 있답니다.

잡초는 왜 돌보지 않아도 자랄까?
식물의 강인한 생명력

나는 식물을 매우 사랑하기 때문에 몇 년 전 남편과 함께 농부가 되어 텃밭에 허브와 채소 몇 가지를 키우기로 했어요. 고수, 감자, 토마토, 상추, 옥수수. 일은 별 탈 없이 진행되었고 음, 괜찮았어요. 우리는 기대 이상의 성과를 거두길 바라며 많은 식물의 씨를 뿌리고 충실히 돌보고 최적의 토양과 물을 제공하려고 애썼어요.

매일 물을 주는데도 남부 캘리포니아의 뙤약볕 아래 일부만 살아남았지요. 그저 이 식물들을 살리기 위해(샐러드 한 입 거리만 생산된다 해도 상관없었으니까요.) 열심히 일한 후 집으로 들어가던 어느 날, 테라스의 가구 뒤에 자라고 있는 커다란 잡초가 눈에 띄었어요. 고작 시멘트에 작은 틈이 생겨 싹이 텄을 뿐인데도 굉장히 잘 자라고 있었지요. 몹시 화가 났어요. 나는 기대보다 잘 자라지 않는 식물을 키우기 위해 힘닿는 대로 모든 일을 다하며 필사적으로 노력하고 있었거든요. 그런데 이 잡초는 내 연약한 토마토 앞에서 자신의 성공을 과시하며 날 모욕하는 것 같았죠. 멍청한 식물 같으니!

무엇이 식물을 '잡초'로 만드느냐의 관점은 전부 상대적이기 때문에 상황을 그렇게 개인적으로 받아들여서는 안 되지요. 잡초는 '우리 것'이라고 여기는 특정한 땅에 자신이 심지 않은 것으로 정의하죠. 하지만 식물에게 자기소개를 시킨다면 분명히 아무도 자신을 잡초라고 말하지는 않을 거예요.(자신이 나쁜 인간이라고 생각하는 사람이 거의 없는 것처럼 말이죠.) 이 분류는 엄밀히 인간의 개념이에요. 아마도 잡초들은 왜 우리가 고집스레 콘크리트 경계선과 화단의 가장자리에서 자신들을 뽑는지 궁금해하고, 자신들에 대한 우리의 불만을 도저히 이해하지 못할 것입니다. 잡초의 시각에서는 우리가 괴물이지요.

장소에 따라 어떤 '잡초'는 그저 풍부한 지역 식물로 풍경에 아주 잘 어울려서 어디에서나 눈에 띄어요. 우리는 잡초의 성공을 싫어하죠. 내가 아는 정원사는 잡초를 '장소에 어울리지 않는 식물(Plants out of place)'이라고 부르기를 더 좋아하는데, 나는 그 말을 줄이면 똥(POOP)이 된다고 지적할 용기는 없었어요. 하지만 일부 잡초는 침습성이에요. 쉽게 말해, 인간에 의해 한 지역으로 이동해 미친 듯이 날뛰고 있다는 뜻이죠.

인간은 새 장소로 생물을 옮기는 고약한 습관이 있어요.(그러고선 도

입종이라고 부르죠.) 요즘은 대부분 동물은 옮기면 안 된다고 잘 알고 있지만 식물은 많은 사람이 두 번 생각하지도 않고 옮깁니다. 주변을 둘러보세요. 그중 어느 식물이 수천 년 동안 그곳에 있었고 어느 식물이 최근에 옮겨진 것인가요? 아마 수백, 수천 킬로미터 떨어진 농장에서 자랐던 종도 있을 거예요. 원래 다른 대륙에 있던 것으로 기후 차이 때문에 여러분의 지역에서 살아남기에 적합하지 않을 수도 있는 종이지요. 더 나쁜 것은 그 식물들이 번성해 새로운 지역에 퍼져서 다른 식물들을 밀어내고 자원을 겨룰 만반의 태세를 갖추고 있을지도 모른다는 거예요. 침습의 악몽이지요. 식물 공원Botanic Park[1]처럼요.

하지만 원기 왕성한 지역 식물이든 쳐들어온 신참이든 잡초는 살아남는 법을 정확히 알고 있어요. 인간에게 단 한 가지도 요구하는 것이 없다는 점도 인상적이지요. 가끔은 불만스럽지만 그래도 잡초의 투지는 감탄스러워요. 다음에 잡초를 뽑을 때 잡초의 관점에서 상황을 생각해 보세요. 요전 날 내가 그랬어요. 우리 집 마당에 줄기와 잎사귀를 따라 가시가 난 잡초가 있는데 뽑을 때마다 장갑을 뚫고 절 찌른다고 욕을 내뱉었죠. 하지만 그때 사실 내가 이 식물을 없애고 있다는 사실을 떠올렸고, 그래서 우리는 공평하다는 생각에 닿았지요.

1) 영화 <쥬라기 공원(Jurassic Park)>에 빗댄 말_옮긴이

태양에서 어떻게 올까?
음식의 탄생

사과를 한입 베어 먹거나 샐러드의 채소를 아작아작 씹어 먹어 보세요. 아니면 토스트 한 조각을 먹어 보는 건 어때요? 베어 먹은 모든 것의 탄생이 어떻게 태양까지 거슬러 올라갈 수 있는지 생각해 보세요. 설사 여러분이 고기만 먹는다고 해도(좋은 계획은 아니지만요.) 동물은 자라면서 식물을 먹어야 했기 때문에 여전히 광합성이 필요해요. 그

리고 버섯 같은 균류를 먹는다고 이 규칙에서 벗어날 수 있다고 생각하지 마세요. 균류 역시 태양을 사용했던 생물의 유해를 주식으로 해요. 그런데 우리가 식물에서 어떤 부분을 먹고 있는지는 알고 있나요?

어떤 것들은 쉽게 알 수 있어요. 샐러드 채소는 잎들이죠. 먹을 수 있는 잎 종류는 많지만 대개 가장 부드러운 것들을 선택하지요. 시금치, 로메인 상추, 루콜라처럼 아삭아삭하고 얇은 걸로요. 포크로 샐러드를 집어 먹을 때 여러분은 광합성을 수행했던 세포들을 먹고 있는 거예요. 햇빛을 흡수한 엽록소와 당 만드는 것을 도운 세포막이죠. 생전에 그 잎들은 지구에서 생물학적으로 가장 대단한 일을 하고 있었어요. 이제는 점심이 되었지만요.

우리는 줄기도 먹어요. 샐러리는 아스파라거스처럼 줄기 식물로 꽤 잘 알려져 있어요. 이 줄기채소를 반으로 자르면 그 채소가 살아 있을 때 우리 행성에서 중력을 거스르며 물을 위로 운반하던 길을 알아볼 수 있어요. 브로콜리는 주로 그 끝에 달린 꽃을 먹어요. 아티초크 역시

마찬가지죠. 크고 (맛있는)꽃이에요.

다음으로 감자, 무, 당근 같은 전분성 채소가 있어요. 이 채소들은 모두 뿌리의 일부로 땅 밑에서 자라요. 이 중 많은 것들이 힘든 시기를 대비하기 위한 에너지 저장소예요. 우리가 흙에서 그 채소들을 뽑아내 물이 끓는 솥에 넣어 버리는 게 가장 힘든 시기라는 사실을 알지 못한 채 말이지요.

마지막은 가장 인기 있는 열매예요. 모든 과일의 삶이 꽃에서 시작한다는 것을 알고 있었나요? 사실이에요. 꽃은 꽃가루가 바람이나 벌의 보송보송한 몸통에 올라타 운반되기를 기다리지요. 그 꽃가루는 아래로 내려가 꽃 속에서 자신을 기다리던 난자에 정자를 전한답니다. 그래요, 식물 역시 성별이 있어요. 수정란(또는 여러 개의 수정란)은 결국 씨앗이 되고, 씨방은 불룩해져 씨앗을 감싸고 보호하는 열매로 변해요.

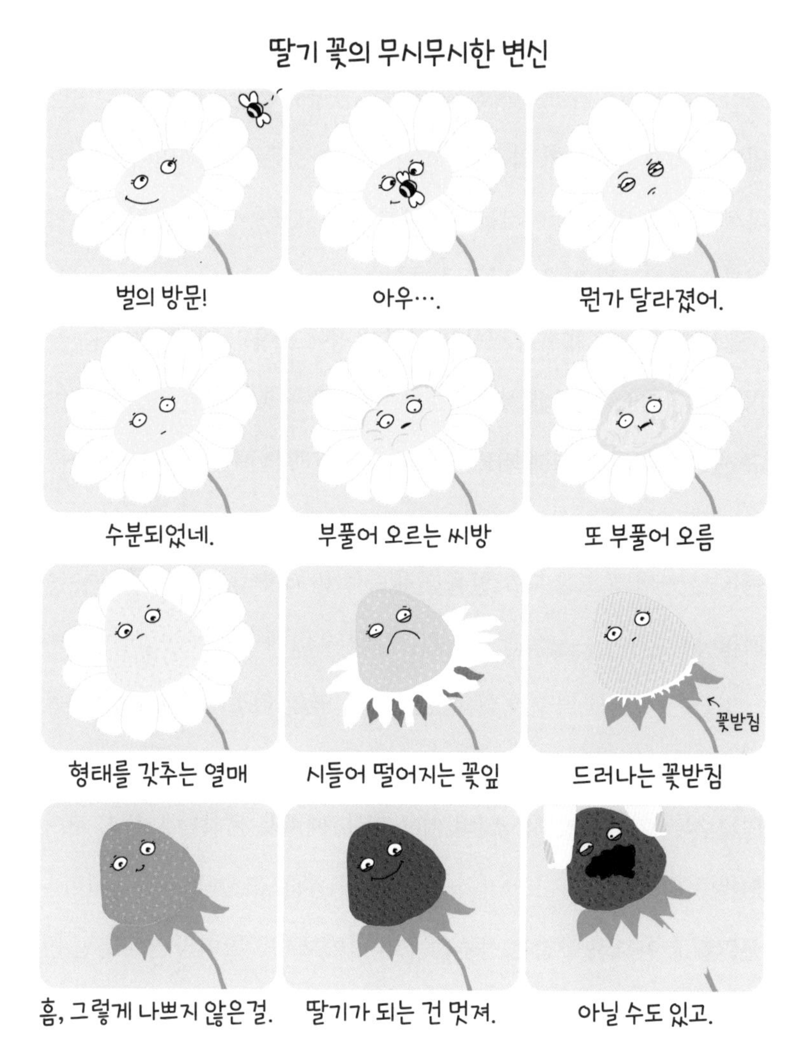

식물이 만든 열매는 말도 안 될 정도로 다양해요. 복숭아 같은 열매는 안에 씨가 있고 씨를 보호하기 위해 많은 과육으로 에워싸요. 반면 딸기는 열매 밖이 온통 씨로 덮였어요. 그리고 채소라고 여겨지는 위장한 과일도 많아요. 바로 애호박, 스쿼시[1], 토마토지요. 단맛을 가진 농작물을 과일이라고 생각하는 경향이 있어서 혼란스러울 수 있지만 엄밀히 말해 여러분이 먹는 것 중 씨가 있는 것은 전부 과일이에요. 따라서 과일을 먹을 때 여러분은 열매를 죽이고 있는 거예요. 잔인한 여러분은 반식물적 범죄로 당국에 자수해야 해요.

농담이에요. 오래전에 식물은 이런 방식에 조용히 동의했기 때문에 정말 괜찮아요. 식물은 부분적으론 우리 같은 동물들이 자신을 먹고 그 씨를 새로운 지역에 퍼뜨리도록 하기 위해 열매를 생산해요. 열매를 먹는 이가 없다면 씨는 고작 나무(또는 덤불이나 무엇이든)에서 떨어져 구르는 만큼만 갈 수 있었을 거예요. 알다시피 사과는 멀리 가지 못하잖아요.

인간은 거기서 멈추지 않았어요. 씨를 땅에 직접 심었고 자라나면 돌봤지요. 사실 우리가 식물을 돌보는 데 쏟는 모든 에너지를 생각하면 진정 누가 주인인지 궁금하기도 해요. 때때로 우리가 그들의 하인인 것처럼 보여요.

그리고 아보카도 같은 식물은 우리가 돌보지 않았더라면 오늘날 존재하지 않았을 거예요. 그 거대한 씨앗은 목구멍과 소화기관에 들어

---

1) 호박의 한 종류_옮긴이

가기에는 너무 커요. 정기적으로 아보카도를 먹은 생물은 거대 나무늘보가 유일했지요. 그 거대한 동물은 대략 1만 년 전에 멸종되었어요.(아마도 인간이 사냥했던 탓이겠죠.) 아보카도는 단 한 동물에 먹히기 위해 특화되었던 것으로 보이기 때문에 그 나무늘보가 사라지면서 아보카도 나무도 멸종될 운명이었을지 몰라요. 그 씨앗을 퍼트리던 종을 멸종시킨 사람들이 아보카도 열매가 아주 맛있다는 사실을 알고 재배하지 않았더라면 말이죠. 다음번에 구아카몰레[2]를 먹거나 아보

2) 아보카도에 갖가지 양념과 허브를 넣어 만드는 멕시코 전통 요리_옮긴이

카도의 녹색 과육을 으깨 토스트 조각에 바를 때면(소금을 약간 뿌리고 위에 핫소스를 뿌려서!) 한때 나무늘보에 의지했고 이제 인간에 의존하는 빙하시대 유물을 먹고 있다는 사실을 떠올려 보세요.

바닷속에도 광합성은 일어난다
조류

이제 여러분이 먹는 것은 전부 태양에서 비롯되었다는 것을 알았어요. 지금까지는 주로 육지의 생태계, 즉 우리가 먹는 식물과 동물과 균류에 대해 주로 이야기했어요. 그럼 연어나 새우, 조개는 어떨까요? 이 바다 식재료들은 어떻게 태양으로 거슬러 올라갈 수 있을까요?

지금부터 설명할 테니 걱정하지 마세요. 먼저 바다의 식물인 '조류'를 알아보죠. 조류는 어떤 정의에 의하면 진짜 식물은 아니에요. 뿌리가 없거나 우리가 식물로 분류하기 위해 정해 놓은 규칙을 만족하지 않기 때문이지요. 하지만 조류는 광합성을 하고 그 점이 특히 중요해요. 여러분은 조류의 한 종류인 해초에 익숙할지 모르겠지만 바다에서 태양에너지로 스스로 양분을 만들며 떠다니는 미세한 생물 역시 실로 엄청나요. 이 생물이 바닷속 큰 먹이사슬의 토대를 이루지요.

물고기는 어떨까요? 물고기는 아주 어린 새끼였을 때 너무 작아 다

른 것은 먹지 못하고 조류를 먹었어요. 그리고 커서도 조류와 플랑크톤(물속에 떠다니는 작은 것들)을 먹는 물고기도 있지요. 참치처럼 큰 물고기는 작은 물고기를 잡아먹어요. 하지만 크기에 상관없이 모두 먹이사슬의 가장 밑에 있는 물속 조류를 필요로 해요. 새우도 마찬가지인데 새우는 조류와 죽은 고기 조각을 주식으로 하지요. 그리고 조개, 홍합, 굴처럼 움직이지 않는 생물들은 조류를 포함한 물속 먹이를 걸러내 먹어요.

먹이 피라미드의 최하위를 차지하는 조류 없이 바다에서 살 수 있는 것은 거의 없어요.(해저에는 태양 대신 열수 분출공hydrothermal vent을 에너지로 사용하는 생태계가 있지만요.) 찬장 속에 있는 참치 통조림은 시금치 샐러드와 마찬가지로 태양에너지와 관련이 있어요. 태양을 사용해 자신의 몸을 만드는 수많은 작은 세포가 없었다면 아무것도 여기 있지 못했을 거예요. 추정에 따르면 지구 대기에 있는 산소의 절반은 바다

에 사는 조류에 의해 생산되어요. 절반이에요! 그 작은 친구들이 커다란 영향을 미쳤어요. 그리고 시간이 흐르면서 우리 행성 전체를 바꿔 왔지요.

만약 타임머신에 올라타고 최초의 살아 있는 세포를 보기 위해 38억 년 전쯤으로 간다면 산소 탱크를 가지고 가야 할 거예요. 그 당시 대기에는 산소가 거의 없어서 숨이 막히기 시작할 테니까요.

엄청난 수의 이 작은 광합성 세포는 수십억 년(네, '억'이요.)에 걸쳐 아주 많은 산소를 내뱉어 지구의 대기를 변화시켰고 삼엽충, 물고기, 악어, 거북이, 공룡, 새 같은 배고픈 동물들과 우리 같은 포유류를 위해 길을 열어 주었어요. 세포가 광합성 방법을 알아내지 못한 평행 세계에서는 우리가 아는 생명은 절대 발생하지 않았을 거예요. 여러분이 호흡하고 있고 앞으로 호흡할 모든 산소 분자는 식물 덕분에 존재해요. 여러분이 지금 이 순간 숨이 막히지 않는 건 모두 식물 덕분이지요. 식물아, 고마워!

우리도 빛으로 뭔가를 만들어 낸다
비타민 D

인간은 빛을 이용해 스스로 양분을 만들지 못한다는 소식을 전하게 되어 유감이에요. 하지만 괜찮아요. 그에 못지 않게 끝내주는 것을 만들기 때문이에요. 바로 비타민 D죠. 이해 안 가는 아차상이나 무지방 아이스크림이 맛있다고 설득하려는 헛소리처럼 들릴 수도 있지만(농담이에요.) 그런 게 아니에요. 비타민 D는 우리에게 아주 중요해요. 뼈의 성장과 유지를 도와주니까요. 광물화된 골격이 받쳐 주지 않는다면 우리는 풍선 같은 윤곽의 고기 자루가 되어 버릴 거예요. 비록 그 자체로는 우리에게 영양분을 공급하지는 않지만 태양이 우리를 만드는 방식이죠.

이 방식은 어떻게 작동할까요? 음, 우리 몸에는 프로비타민 D라고 부르는 분자가 있어요. 이 분자는 우리가 만들지만 뼈를 만드는 데 도움이 되는 비타민 D 분자로 바꾸려면 햇빛이 필요해요. 구체적으로 UV-B 광선이 필요하죠. 이 일을 한다는 것만 빼면 매우 위험한 이 광선은 피부의 프로비타민 D에 부딪혀 커다란 분자의 결합을 끊고, 모양을 바꾸어 비타민 D로 변할 기회를 줘요. 그 후 비타민 D는 식단에서 칼슘을 흡수해 뼈를 튼튼하게 유지하도록 돕지요.

그래서 동굴에서 살면서 낮 동안 절대 나오지 않는 건 현명하지 않은 일이에요. 그렇지 않았다면 난 전적으로 이런 삶의 방식에 찬성했을 거예요. 마찬가지로 온종일 블라인드를 열고 집 안에서 햇빛을 쬔다고 해도 충분하지 않아요. 4장에서 이야기했던 것처럼 유리창이 UV-B를 걸러 내니까요. 그래서 유감스럽지만 가끔씩은 밖에 나가야 해요. 여러분의 뼈를 위해 말이에요. 물론 사회성을 위해서도요.

하지만 자외선 차단제를 바르지 않고 너무 오래 밖에 있어도 안 되지요. 여러분은 UV-B가 지구에서 우리에게 도달하는 복사선 중 에너지가 가장 큰(따라서 위험한) 복사선이라는 것을 기억하죠? UV-B는 비

타민 D를 만들기 위해 약간은 필요하지만 너무 많으면 피부암을 일으킬 수 있어요. "지나치면 아니함만 못하다"는 옛날 속담은 무슨 뜻일까요? 커피와 친구, 소셜 미디어, 뉴스, 초콜릿, 버터뿐 아니라 햇빛도 최적의 양이 있어요. 삶은 이 모든 균형을 찾아내고 동시에 유지하는 거예요. 그래서 아주 어려운 거랍니다.

자, 이제 밖으로 나가 햇빛을 쐬며 적외선의 온기를 느껴 보세요. 또 UV-B 광선이 피부를 침투해 프로비타민 D 분자 속 원자의 결합을 깨트리고 건강한 뼈를 갖기 위해 필요한 분자를 만드는 과정을 상상해 보세요. 그러면서 계속 여러분의 피부를 들여다보세요. 아무도 눈치채지 못하게요.

그런데도 여러분이 동굴에서 살기를 끝까지 고집한다면 온라인에서 비타민 D 보충제를 살 수도 있을 거예요.

물: 생명이 가능했던 이유

나는 '필요'라는 단어를 자주 사용해요. 와이파이가 '필요'해. 커피가 '필요'해.(음, 이건 어쩌면 '필요'의 진짜 뜻과 딱 맞는 경우인 것도 같네요.) 하지만 나에게 정말 필요한 것은 물이에요. 우리 모두가 그렇죠. 물은 지구상의 모든 생명체가 공통으로 지니는 몇 안 되는 것 중 하나예요. 물은 굉장히 유용해서 물에 의존하지 않는 생물은 상상하기 어려워요. 그래서 우주에서 생명체 탐사를 할 때 물이 있는 행성(이나 달, 그 무엇이든)을 찾는 데 초점을 맞추지요.

언제든 수도꼭지를 틀면 물을 얻을 수 있으니 사람이 물이 없으면 얼마나 빨리 죽을 수 있는지 평소에는 생각해 보지도 않아요. 하지만 물이 없으면 고작 며칠밖에 버틸 수 없다는 사실을 알면 섬뜩하지요. 난 스스로 대단히 독립적인 여성이라고 생각하지만 물에 대해서만은 심하게 의존적인 건 어쩔 수 없네요. 언제나 근처에 손쉽게 구할 수 있는 물이 있어야 하고 그렇지 않으면 물을 가지고 다녀야 해요. 가끔은 이런 상황이 좀 원망스럽기도 하지요.

하지만 그 모든 건 용서할 수 있어요. 갈증을 느끼고 물을 마시라고 뇌가 재촉하는 더운 날, 차가운 물 분자가 혀 위로 쏟아지는 느낌보다 더 기분 좋은 것은 없으니까요.(뇌가 재촉하지 않으면 물을 마시지 않을 거예요.) 살아 있는 모든 생물에게 필요한 이 물질은 뭐가 그렇게 특별할까요? 함께 알아보죠.

물은 왜 자신에게 끌리는 걸까?
자기애가 넘치는 물

대부분의 사람과는 달리 물은 자신을 좋아해요. 분자라고 다 이런 특성을 가진 건 아니죠. 대개 화학물질은 완벽하게 중립으로 자신에게 무심해서 특별히 자신을 좋아하지도 싫어하지도 않아요. 하지만 물은 자신감이 흘러넘치죠.

물의 힘과 고유한 자기애의 비밀은 물의 구조, 즉 원자 배열에 있어요. 이에 관해서는 손 씻기(1장)와 식물 속에서 잎에 도달하는 물의 움직임(5장)의 맥락에서 간단히 언급했지요. 물은 전체적으로 중성이지만 양전하와 음전하를 갖고 있어요. 전하의 차이는 물 분자를 구성하는 세 원자의 양성자와 전자 때문에 생기지요. 가운데에 산소 원자가 있고 옆구리에 비스듬히 2개의 수소 원자가 있어요. 그들은 서로 전자를 공유하기 때문에 결합해서 함께 지내지만 전자를 동등하게 공유하지는 않아요.

산소 원자는 처음부터 수소 원자보다 전자가 많을 뿐 아니라 전자를 끊임없이 더 갖고 싶어 해요. 수소가 산소와 공유한 전자는 대부분의 시간을 산소와 함께 보내지요. 그뿐 아니라 산소는 결합에 묶이지

않은 최외각 전자 두 쌍이 있어요. 전자가 많아지면서 산소는 결국 전체적으로 음전하를 띠어요. 그리고 결과적으로 수소 원자가 있는 물 분자 쪽은 약한 양전하를 띠게 되지요.

그러면서 물컵 속에 떠다니는 물 분자나 얼음 조각 속에 고정된 물 분자는 모두 아주 작은 자석이 된 것처럼 물 분자의 음전하가 그 옆에 있는 물 분자의 양전하를 끌어당기게 되지요.

두 물 분자 사이에 당기는 힘은 아주아주 작아요. 식료품 쇼핑 목록과 휴가 사진을 지탱하며 냉장고에 달라붙어 있는 강력한 자석같이 큰 힘은 아니지요. 그 힘은 지극히 작지만 작은 물컵 한 잔 속에 정말 엄청나게 많은 물 분자가 모두 가지고 있다고 생각하면 이야기가 달라져요. 작은 힘이 모여 아주 큰 힘을 만들죠. 그 결과 물은 부분의 합보다 약간 더 큰 물질이 되고 이 모든 작은 인력이 모여 물을 더 강하게 만들어요.

관찰할 수 있는 물 분자 간의 작은 인력은 물의 응집력이에요. 물이 자신들 주변에 있기를 좋아한다는 것은 매력적인 작은 물방울을 만든다는 뜻이기도 하지요. 친숙한 액체가 많지 않아서 물과 비교할 만한 게 별로 없지만 기름을 보면 도움이 될 수 있어요.

올리브유든 카놀라유든 기름은 자신을 좋아하지도 싫어하지도 않아요. 뭐랄까, 그냥 무심하지요. 프라이팬에 기름을 두르는 순간을 생각해 보세요. 기름은 멋지고 쉽게 퍼지죠, 맞나요? 기름은 싸우려 하지 않고 순순히 우리의 의도를 받아들여요. 자, 이제 물로 한번 해 보세요. 프라이팬에 물을 두르고 고르게 퍼져 나가라고 설득해 보세요. 그 설득은 통하지 않아요. 물은 무엇을 하든 항상 덩어리로 뭉칠 거예요. 아주 얇게 퍼져 나가기에는 자존심이 세지요.

어떤 물을 만날까?

고체, 액체, 기체

물은 자신을 많이 좋아하지만 우리는 그보다 훨씬 더 물을 좋아해요. 물은 우리에게 엄청 중요해서 온도 개념 자체가 물을 중심으로 만들어질 정도예요. 여러분이 화씨온도를 쓰든 섭씨온도를 쓰든 모두 물에 의해 정해진 단위랍니다. 밖이 '영하'라거나 날씨가 '펄펄 끓는다'고 하면 물의 어는점과 끓는점을 이야기하는 거예요.(후자는 좀 과장된 면이 있군요.) 일상생활에서 은의 어는점이나 산소의 끓는점 같은 건 전혀 신경 쓰지 않은데 말이죠.

물은 우리에게 가장 중요한 물질이에요. 음식과 마찬가지로 물은 우리 몸을 구성하는 중요한 요소일 뿐 아니라 주변의 공기 속에 있고 때로는 하늘에서 떨어지기도 해요. 또한 하루에 수차례 우리 눈앞에서 모습을 바꾸지요. 얼고 녹고 증발하고 응결되거든요. 거의 매일 우리는 물의 세 가지 형태인 고체, 액체, 기체를 경험해요.(물론 얼음을 보지 않고 하루를 보낼 수도 있지요. 예를 들어, 더운 여름날 냉장고를 열지 않는다면요.)

내가 가장 좋아하는 건 액체 상태의 물이 수증기로 변해 떠다니는 기화예요. 그 과정으로 수건이 마르기 때문이지요. 그 현상에 대해 생각해 보죠. 손을 씻고 수건에 닦으면 그 천이 영원히 젖어 있는 건 아니에요. 느리지만 언젠가는 마르죠. 우리는 이 사실을 알기 때문에 수건걸이에 수건을 걸어 놓아요. 하지만 수건을 걸어 놓는 습관이 물 분자가 액체에서 기체로 변해 수건에서 탈출하는 것을 돕기 위한 거라고 인식하지는 못하죠.

물이 스스로 이 일을 하지 않고 매번 우리의 수고가 필요하다고 상상해 보세요. 접시는 마르지 않을 거예요. 수건은 영원히 축축할 거고 머리를 말리는 데 훨씬 오랜 시간이 걸리겠지요. 축축한 악몽이에요. 다행히 물 분자는 그렇지 않아요. 상온에 그냥 내버려 두면 천천히 수증기로 바뀌어 한때 손을 씻는 데 사용했던 물은 결국 주변 공기 속으로 들어가 버릴 거예요. 그때 숨을 쉬다 그 물을 들이마실 수도 있지

요. 나는 보통 수건에서 떠나 버린 물 분자를 잊지만 그 분자는 여전히 집 안에 있어요. 마치 나를 따라다니는 것처럼요.

만약 원한다면 우리는 말 그대로 물이 자신을 억제하지 못하고 떼를 지어 액체 형태를 벗어나는 지점까지 가열할 수 있어요. 물 끓이기죠. 나는 천연가스 난로나 전기 포트를 사용해 이 상태를 달성해요. 몇 컵의 물에 아주 많은 열을 제공해서 매우 흥분한 물 분자를 만들어요. 그걸로 파스타를 삶고 차도 우려내지요.

배가 고플 때 파스타를 만들기 시작하면 물 한 솥을 끓이는 데 걸리는 시간조차 짜증 나요. 물이 끓는점에 도달하기를 바라며 멍하니 서서 스테인리스강 솥만 쳐다보고 있죠. 이렇게까지 온도를 높이려면 많은 열이 필요해요. 물의 끓는점은 어떤 의미일까요? 바로 물 분자가 주변의 압력을 손쉽게 극복할 수 있는 온도예요.

물이 액체로 존재하는 이유 중 하나는 물을 누르는 힘이 있기 때문이에요. 여러분은 주변을 둘러보며 생각할지도 모르겠네요. “무슨 힘?

여기엔 아무것도 없는데." 그 힘을 만들어 내는 물질을 느낄 수 없는 것처럼 우리는 그 힘을 거의 느낄 수 없어요. 바로 기압air pressure이죠. 대기의 공기 기둥이 물이 든 냄비 위에서 물 분자들이 액체 상태를 유지해 한데 모여 있도록 도와요. 하지만 열을 가해 주면 물은 에너지를 얻어서 그 압력을 극복하고 파스타 냄비를 떠나지요.

지구의 기압은 비교적 일정해서 보통 기압에 대해 생각하지 않아도 된답니다. 하지만 (안에 기압이 없는)진공실에서 마카로니 치즈를 만들려고 한다면 금세 좌절할 거예요. 공기가 없다면 액체로 존재하도록 강요하며 내리누르는 기압이 없어서 물 분자는 열을 더해 주지 않아도 쉽게 끓거든요. 이는 높은 고도에서 음식을 요리하는 시간이 더 오래 걸리는 이유이기도 하지요. 누르는 공기가 적으면 물은 낮은 온도에서 끓을 수 있어요.

하지만 물에는 기화와 끓는점 말고 어는점도 있지요. 물은 충분히 냉각되면 모든 게 느려지기 시작해요. 물 분자는 아주 유유자적하다가 결국 제자리에 고정되지요. 물 분자들은 조직화된 작은 고리를 형성하며 자신을 배열하지요. 얼음은 엄밀히 따지면 결정이라고 할 정도로 아주 일정하고 반복적인 상태라서 지질학자는 암석으로 간주할 수도 있어요.

얼음의 물 분자들은 작은 육각형으로 배열하는데 이 육각형 배열이 결국 우리가 실제로 볼 수 있는 무언가로 변한다는 게 주목할 만하죠. 눈송이를 아주 가까이서 보면 물 분자가 형성하는 6면 다각형 때문에 6개의 바퀴살이 있어요. 우리는 개개의 원자와 분자를 볼 수는 없지만 크기가 아주 다른 존재에서 물 분자들이 무엇을 하고 있는지 엿볼 수 있어요.

만약 눈 내리는 게 일상인 추운 곳에 살지 않는다면 냉동실에서 오랫동안 잊혀 변색된 음식물의 잔해에서 육각형의 얼음 결정을 볼 수도 있어요. 그것은 말 그대로 폐허가 된 엔칠라다[1]의 실버라이닝[2]이에요.

물은 우리의 기대에 어떻게 부응할까? 고마운 물

우리가 물 주위에 문명이 있다고 믿는 데는 아주 합당한 근거가 있어요. 바로 이 물질 덕분에 지구에 생명체가 살 수 있기 때문이지요. 우리는 태양계에서 표면에 뭐가 아주 많은 유일한 행성인데 오랫동안 물을 간직하고 있는 덕분이기도 해요. 대기압은 파스타 물 끓이기만 어렵게 하는 것은 아니에요. 행성의 물이 우주로 흘러가는 것도 막지요. 그리고 그건 지구의 자기장 덕분이기도 한데 만약 자기장이 없었다면 대기를 벗겨 내고 물도 없앨 수 있는 입자 때문에 위험했을 거예요. 물을 한 모금 마실 때마다 우리 종이 진화하고 이곳에서 계속 살아갈 수 있도록 수자원을 보존하는 데 도움을 주는, 철이 풍부하고 소용돌이치는 지구의 핵에 한 번 더 감사해야겠네요.

의아하게도 우리는 주변이 어떻게 이렇게 축축한 것들로 가득하게

---

1) 토르티아 사이에 고기, 해산물, 치즈 등을 넣어서 구운 멕시코 요리_옮긴이
2) 구름의 흰 가장자리라는 뜻으로 엔칠라다 가장자리에 하얗게 낀 성에를 빗댄 것_옮긴이

되었는지 정확히 알지 못해요. 일부는 고대 화산이 폭발할 때 행성의 초기 내용물을 해방시킬 때 생겼을 거예요. 태양계가 형성되었을 때 결국 우리 행성과 합쳐진 우주 덩어리들이지요. 그 이후로는 빙하의 형태로 유성과 혜성을 타고 지구에 충돌하는 역대 가장 불쾌한 물 배달 시스템이 있었는지도 몰라요.

하지만 어떤 식으로든 물은 지구에 도착했고 지난 수십억 년 동안 물은 생물에게 놀라울 정도로 봉사해 왔어요. 아주 조금만 축축해도 작은 유기체들이 살아남을 수 있어서 우리는 샤워기를 자주 청소해야 하지요. 흰곰팡이 균류는 나만큼이나 물을 좋아한답니다. 물이 있는 곳에 생명이 있지요. 때로는 있지 않았으면 하더라도요.

하지만 이 단순한 분자는 무엇이 그렇게 특별할까요? 물에는 또 다른 유익한 면이 있을까요? 음, 사실 그래요. 물은 이런 기대에 부응하지요. 물에는 몇 가지 훌륭한 특성이 있어요.

물의 최고 특성 중 하나는 변화에 대한 저항력이에요. 하지만 성 중립 화장실처럼 좋은 변화는 아니죠. 물은 다른 물질보다 온도 변화에 훨씬 잘 저항해요.

물을 끓이려면 시간이 오래 걸려서 저녁을 기다리고 있을 때는 짜증이 나지요. 이는 물이 온도를 변화시키지 않고 열을 제법 많이 흡수하기 때문이에요. 이 장의 초반에 이야기했던 자신을 아주 많이 좋아하는 물의 특성으로 돌아가 보죠. 물이 액체에서 기체로 바뀌려면 서로를 끌어당기는 그 작은 인력을 극복해야 해요. 반면에 다른 많은 물질은 훨씬 적은 에너지로도 가열될 수 있어요. 그래서 타는 듯 더운 날에 수영장 주변에 있는 콘크리트나 타일 등은 맹렬하게 뜨거워지지만 수영장 물은 산뜻하고 시원하게 유지될 수 있지요. 그리고 몸은 대부분 물로 이루어져 있어서 이런 특성은 우리가 외부의 온도 변화에도 쓰

러지지 않도록 도움을 줘요.

따라서 물은 많은 열을 가져갈 수 있지만 열을 많이 잃을 때도 재밌는 일이 일어나요. 물은 얼음이라고 부르는 고체로 변하지요. 하지만 재밌는 부분은 그게 아니에요. 모든 물질은 고체로 변하는 온도가 있어요. 산소와 질소, 이산화탄소처럼 기체라고 생각되는 것조차도요. 하지만 얼음은 특이한 행동을 보여요. 바로 떠다닌다는 거예요.

우리가 이 위에 있다니
이상하지 않아?

대부분의 고체는 액체 형태일 때보다 밀도가 더 커요. 만약 고체 은 한 덩어리를 액체 은에 떨어트리면 바닥에 가라앉을 거예요. 하지만 얼음 결정의 육각형 구조는 그 안에 공간이 아주 많아서 액체 물보다 밀도가 작아지죠. 정말 굉장한 일이에요. 얼음이 가라앉는다면 물의 어는점보다 낮은 온도일 때 호수 또는 바다 전체가 얼어붙을 수 있어요. 하지만 얼음이 떠 있는 덕분에 호수 표면은 꽝꽝 얼어 있더라도 그 아래 물은 액체 상태를 유지할 수 있죠.

마지막으로 가장 다행스러운 물의 특성을 이야기해 볼게요. 물은 물질을 아주 잘 녹여요. 물은 양전하와 음전하를 띠고 있어서 전하를 약하게 띠는 것은 무엇이든 꽤 많이 녹이지요. 소금, 설탕, 산 같은 건 모두 쉽게 물에 녹아요. 우리 몸속의 물에는 목적지에 도착해서 '기계'를 계속 작동시키기 위한 모든 물질이 떠다니죠. 그리고 물에 녹는 것만큼이나 물에 녹지 않는 지방과 기름도 중요해요. 작은 물주머니인 세포의 가장자리는 지방막으로 둘러싸여 있어요. 지방막은 물에 녹지 않아서 편리한 장벽을 만들 수 있어요.

물은 정말 인상적이에요. 온도 변화에 강하고, 고체는 액체 위에 뜨고, 많은 것을 녹이지요. 이런 유용한 특성을 가진 물은 지구에 생명체가 존재하는 유일한 이유예요. 그리고 물이 이곳에서 얼마나 봉사해 왔는가를 생각해 볼 때 우리가 아는 한 물은 다른 행성에서 생명체를 발견하기 위한 최고의 예측 근거랍니다. 하지만 언제든 물을 사용하지 않는 외계 생명체를 발견하게 된다면 난 그들이 어떻게 그 일을 해냈는지 흥미롭게 들을 거예요.

물은 정말 어디에나 있다
물의 순환

수영장 옆에 있지 않아도 또는 샤워를 하지 않아도 우리는 항상 물에 둘러싸여 있어요. 바로 숨 쉬는 공기 속에 물이 있지요. 특히 습할 때는 공기에서 물을 알아챌 정도로 습기를 느낄 수 있지만 그런 경우를 빼면 항상 주변에 있는 물을 망각하기 쉬워요. 우리는 숨을 쉴 때마다 그 물을 들이마시죠. 땀 속의 물은 천천히 피부에서 증발하고요. 하지만 우리만 그런 게 아니에요. 다른 동물들도 물을 발산하고 있지요. 날이 더워지면 식물은 주변 공기에 물을 많이 빼앗겨요.

그 물은 잠시 서성거리며 우리와 공간을 공유해요. 얼음이 든 물컵이 있다면 공기 중의 물 분자 일부가 차가운 컵 표면에 부딪혀 다시 액체로 변해서 물방울을 만들고 컵 받침에 뚝뚝 떨어질 거예요. 그렇지요? 받침을 놓지 않았다면 당장 가서 가져오는 게 좋을 거예요.

그 물의 일부는 하늘 위로 가 새 친구를 사귀고 구름이 될 수 있어요. 새털구름이든 뭉게뭉게 비구름이든 불길하게 까만 먹구름이든 간에 그건 모두 물이에요. 구름은 아래를 내려다보며 떠다니고 있답니다. 어쩌면 우리를 판단하고 있을지도 모르죠.

구름이 물을 너무 머금어서 더는 높이 떠 있을 수 없을 때 비로소 떨어지는데 온도에 따라 액체(비)일 수도 있고 얼은 결정(눈)일 수도 있어요. 기온처럼 이런 날씨는 일상생활에 영향을 미치지만 보통 하늘에서 일어나는 일을 제대로 이해하는 것보다는 날씨가 교통 상황과

야외 활동에 미칠 영향에 더 관심이 많아요. 밖에서 할 일이 없다면 하늘에서 떨어지는 물은 내가 가장 좋아하는 것 중 하나지요. 하지만 이건 내가 특별한 일이 별로 없는 사막에서 아주 오랜 시간을 살아온 탓이 클 거예요.

태양계에서 지구는 하늘에 이만큼의 물을 가지고 있는 유일한 행성이지만 그렇다고 구름이 끼거나 비가 내리는 행성이 지구뿐이라는 의미는 아니에요. 금성에선 황산 구름이 부슬부슬 비를 뿌려요. 토성의 위성인 타이탄에는 메탄 소나기가 내리지요. 그리고 화성에는 때때로 이산화탄소 구름이 끼고요.

공기를 들이마시거나 출근길에 구름을 볼 때마다 물의 본성이 우리 행성에 실제로 미치는 영향을 경험해요. 그리고 더 중요한 것은 이렇게 경이롭고 다양한 방식으로 움직이는 물의 성향 덕분에 우리가 이곳에 있을 수 있다는 거지요.

당신의 물에는 무엇이 들어 있을까?
물 말고 다른 무엇

물, H_2O, 일산화이수소에 대해 이야기를 모두 나누었으니 이제 일반적인 물 한 잔에 무엇이 들어 있는지 논의해 볼까요? 물론 물 분자 외에 다른 게 더 있답니다. 음, 전문적으로 증류한 물을 정기적으로 마시고 있는 게 아니라면요. 대부분 사람들은 수돗물이나 정수된 수돗물, (정수된 수돗물과 비슷한)포장된 물을 마시고 있어요. 그리고 그 경우에는 물속에 다른 원소도 있지요. 심지어 약간의 생명체까지요.

먼저 염류와 금속이 약간 있어요. 탄산칼슘 같은 것뿐 아니라 우리의 오랜 친구인 식용 소금, 염화나트륨을 찾을 수 있는데 딱딱한 물때를 남기는 것들이지요. 지구의 지각에서 온 철 같은 것들도 있어요. 그래요, 여러분의 물에는 지구의 흔적이 있어요. 왜냐하면 사실 물이 그곳에서 왔으니까요. 또한 불소도 있을 수 있는데 많은 지방 자치제는 우리의 치아 에나멜에 효능이 입증된 불소를 첨가해요.

물속엔 세균 역시 약간 들어 있지만 보통 걱정할 만큼은 아니에요. 가끔 아메바amoeba도 있을 수 있지요. 아메바는 사실 걱정거리가 될 수 있지만 물을 코보다 훨씬 위로 넣는 경우에만 그렇지요. 코 세척 기구를 사용하지 않는다면 대개 그럴 일은 없지요. 그래서 세척 기구 안내서에는 사용 전에 물을 끓이라고(그리고 물을 식힌다고) 쓰여 있어요. 아

메바는 끓인 물에서는 살 수 없거든요.

하지만 뇌 여기저기를 먹어대는 아메바를 제외하면 물은 대체로 무생물로 이뤄져요. 더 무섭게 들리는 (비소arsenic, 우라늄uranium, 에린 브로코비치[1]로 유명한 육가크로뮴hexavalent chromium 같은)오염 물질도 아주 극소량 있는데 대부분 걱정해야 하는 정도는 아니랍니다.

걱정되는 또 다른 것은 파이프에서 물로 우러날 수 있는 납이에요. 나는 사람들에게 걱정하지 말라는 말을 자주 해요. 만약 내가 보낸 문자와 이메일을 전부 모으면 가장 많이 사용한 문구가 "걱정하지 마"일지도 몰라요. 하지만 이 문제에 관해서는 하쿠나 마타타[2] 할 수 없어요. 납은 나빠요. 이 금속은 칼슘, 철분, 아연 같은 몸의 중요한 요소를 대체하거나 방해해 수많은 생체 기능을 엉망으로 만들죠. 설상가상으로 우리 몸은 납을 잘 제거하지 못해요. 그나마 좋은 소식은 만약

1) 에린 브로코비치는 크롬 성분을 두고 부도덕한 거대 기업 PG&E와 법적 분쟁을 벌여 승소한 미국의 변호사로 동명의 영화로도 제작되었다_옮긴이

수돗물에 납 문제가 심각하다면 이미 알고 있을 것이고 걱정되는 부분이 있었다면 이미 온라인에서 여러분이 사는 도시의 물 이야기가 떠들썩했을 거라는 사실이죠.

하지만 또한 수돗물, 증류수, 물의 오염 물질에 대한 질문을 인터넷에서 검색할 때는 매우 조심해야 한다고 말해야겠군요. 검색 결과 중에서 상위권을 차지하는 매우 수상한 자료들을 찾을 수 있을 거예요. 마치 물이 우리 몸(과 모든 생물)에 필요한 게 아니라 음모론자들과 미친 무정부주의자들의 생명줄인 것처럼 보일 거예요. 사악한 연방 정부가 수돗물에 마음을 통제하는 오염 물질을 투여했다는 생각만큼 불안감을 주는 것은 찾기 힘들지요. 그리고 매우 비싼 물 여과 시스템을 파는 사람들만큼 이것을 잘 아는 사람은 없어요. 물만이 아니라 물에 관한 정보까지 제공하는 곳이라면 더욱 조심하세요.

갈증을 풀자
수분을 유지해야 하는 이유

더운 날에 (격한 달리기를 하든 쓰레기를 길가에 내다 버리든)땀을 낸 후 얼음 조각이 땡그랑거리는 차가운 물 한 잔보다 나은 것은 아무것도 없어요. 우리 몸은 물을 아주 많이 필요로 해서 맛있는 일산화이수소를

2) 하쿠나 마타타는 영화 〈라이온 킹(The Lion King)〉에 나온 말로 '걱정하지 마'라는 뜻의 스와힐리어_옮긴이

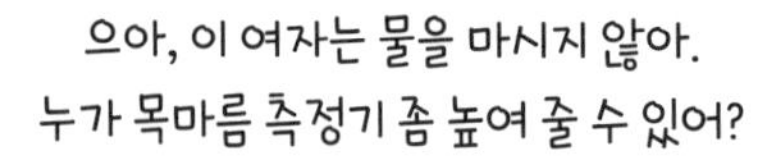

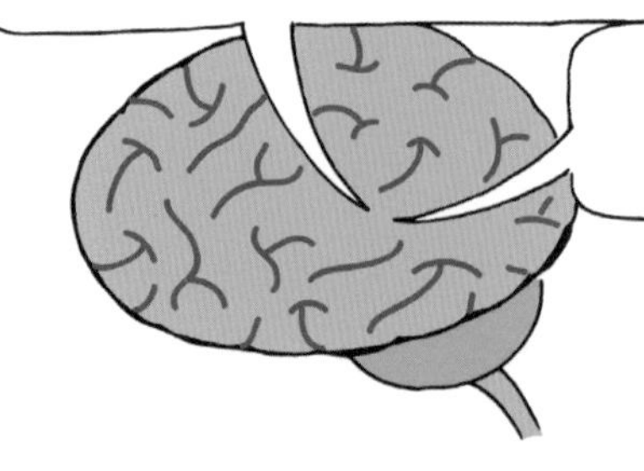

꿀꺽 삼켜 버리고 싶은 깊은 욕망, 즉 목마름이라는 감각을 활성화하는 목마름 측정기가 내장되어 있어요.

햇볕에서 채 한 시간도 피부가 타지 않고서는 견딜 수 없다는 것에 놀랐던 만큼 가끔 물을 마셔야 하는 빈도에 좌절해요. 불합리한 요구처럼 보일 정도예요. 하루에 여러 번 하던 일을 멈추고 물을 마셔야 해요. 물고기는 이런 생각을 할 필요가 전혀 없지요, 운 좋은 녀석들. 물고기는 물병이 없어도 뭐든지 할 수 있어요. 하지만 수도꼭지에서 몇 시간 동안 떨어져 있기 위해 물을 챙겨 가야 하는 성가심은 탈수증이 가져다주는 결과에 비하면 아무것도 아니에요. 몸 안에 적절한 물이 없으면 두통이 생기거나 짜증이 나거나 심지어 의식을 잃을 수 있어요.

어떠한 생태계라도 물의 공급원이 필요한 것처럼 우리 몸도 그래요. 우리는 물을 세심하게 챙겨 마셔야 해요. 탈수는 단지 건강에 안

좋은 정도가 아니라 완전히 치명적일 수 있으니까요.

갈증이 시작되면 몸은 가지고 있는 물을 보존하려고 노력해요. 몸의 여과 시스템은 오줌에 물을 덜 사용하지요. 그래서 탈수되면 오줌은 더 진해지고, 더 냄새가 나기 쉬워요. 탈수 현상이 계속되도록 놔두면 땀도 잘 나지 않을 거예요. 땀을 너무 많이 흘리는 사람들에게는 좋게 들릴지 모르지만 여러분의 몸을 효과적으로 식히지 못한다는 의미이기 때문에 좋진 않답니다.

고집을 부려 계속 물을 마시지 않으면 혈액은 더 건조해질 거예요. 즉, 혈액이 잘 흐르지 않는다는 의미예요. 이런 상태가 지속되면 몸은 여러분을 살리기 위해 극단적인 조치를 하게 되지요. 이를테면 간이나 신장 같은 기관으로 가는 혈액의 흐름을 느리게 해요. 그래서 간이나 신장의 기능 상실로 죽음에 이르는 경우가 생긴답니다.

하지만 급박한 위험에 빠진 생존 상황이 아니라면 이런 일은 일어날 필요가 없어요. 지금 바로 하던 일을 멈추고 물을 한두 모금 마셔봐요. 그리고 물을 음미하면서 수십억 년 동안 어떻게 그 물 분자가 지구에 존재해 왔는지 생각해 보세요. 그 물은 바다에 있었고 한때 지구 표면 위 구름 속에서 높이 날고 있었어요. 어떨 땐 공룡의 방광에 있었을 수도 있지요. 홀짝홀짝 마시는 모든 물은 여러분을 우리 행성과 생물의 역사로 데려다줘요. 이 경이로운 물질을 마시는 것은 여러분을 끔찍한 죽음에서 구할 뿐 아니라 우리 행성에서 태어난 모든 생명과 연결해 주는 행위예요. 우리는 모두 이 물질을 필요로 해요. 숨이나 오줌, 땀으로 내보내거나 또는 다른 형태로 배설하면 물은 다음 생명을 유지하고 감싸기 위해 그 생명보다 훨씬 더 오랫동안 계속되었던 순환으로 다시 들어가요. 그게 아니면 땅속에서 혼자 있기도 하지요. 물이 우리의 즐거움을 위해서 존재하는 건 아니니까요.

물 좀 드시겠습니까?
수십억 년 된
희귀한 빈티지랍니다….

세포:
독립형 단세포에서 다세포인 사람까지

정말로 경외심을 불러일으키는 것을 보고 싶다면 거울을 바라보는 것만으로도 충분하답니다. 여러분은 한 사람이지만 수조 개의 세포들이기도 해요. 세포는 당신을 위해 뭐든 하죠. 세계 속에서 움직일 수 있게 하고 느끼고 이해하게 해 주며 환상적인 책을 읽을 수 있게 해요. 세포들은 여러분의 기관이자 조직이고 혈액이자 소화관이에요. 모든 일이 순탄할 경우 세포들을 잘 의식할 수 없기 때문에 그 다정한 작은 친구들이 여러분을 위해 무슨 일을 하는지 그리고 얼마나 열심히 일하는지 쉽게 잊을 수 있지요.

세포들이 놀랍기는 하지만 사실 여러분은 신체 세포 그 이상의 것을 갖고 있어요. 여러분이라는 행성의 한 부분은 따뜻하고 축축하고 기름기 많은 몸의 구석구석에 상점을 차린 (대부분 세균인)미세한 거주자들의 공동체가 차지하고 있거든요. 사실 여러분은 수적으로 그 거주자에게 완전히 밀려요. 하지만 그들은 파괴적이지 않아요. 이 미생물들은 우리가 현재의 모습을 갖게 하는 데 도움을 준답니다. 세포와 미생물 이웃 사이의 복잡한 관계를 이해하는 것이 보건의학이 개척해야 할 다음 영역이에요.

미생물은 그저 우리 몸이라고 생각하면 된답니다. 우리는 미생물의 세계에서 살지요. 모든 표면과 한 모금의 공기와 물에는 너무 작아서 눈에는 보이지 않는 미생물이 많아요. 때때로 미생물은 우리 음식을 먹고 때때로 우리를 아프게 하지만 보통은 사랑스러운 이웃이죠. 이 장에서는 세포들을 알아가는 시간을 가져 볼게요.

우리 모두 겸손하게 시작한다
시작은 세포 하나

여러분이 몇 살인지 정확하게 모르지만, 아직 키가 크는 중일 수도 있고 아니면 최대 성장기가 기억 속의 먼 과거일 수도 있지요. 하지만 평생의 여정이 시작될 때 여러분은 정말 작은 세포에 불과했답니다. 놀랍지 않나요? 그것도 단 1개의 세포라니. 어머나, 여러분은 정말 작았네요.

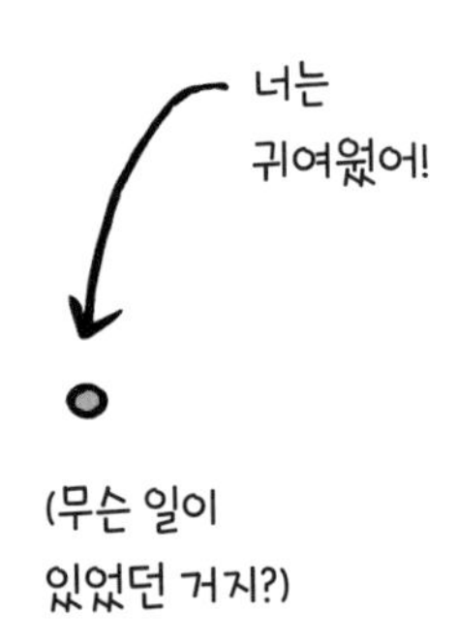

그보다 더 거슬러 올라갈 필요는 없어요. 어머니의 난자와 아버지의 정자, 음 그리고 그 둘이 어떻게 만나게 되었는지는 오래 생각하고 싶지 않을 테니까요. 하지만 그 세포들이 만나 몇 년이 지난 후에 여러분이 여기에 있을 수 있게 되었어요.

놀랍게도 여러분은 정확히 하나의 세포였다가 태어날 때쯤엔 수조 개의 세포가 되었어요. 상당히 빠른 성장 속도지요. 내가 임신해서 인간의 모습을 갖추기 위해 성장 중인 태아의 크기를 그려 보고 있었을 때 딸아이가 얼마나 클지 생각하면 불안해졌어요. 딸아이가 렌틸콩만 했을 때를 기억하는데(아니 병원 기록이 알려 주었죠.) 심지어 그마저도 거대해 보였어요. 엄지손가락과 집게손가락을 렌틸콩만큼 벌리고 '와, 벌써 이만하다니'라고 생각했지요.

딸아이의 세포들(과 몇 년 전 여러분의 세포들)은 자라고 둘로 쪼개지고 또다시 자라고 쪼개지고 있었어요. 반으로 나뉘는 이 시스템은 가장 오래된 성장과 번식 형태예요. 세균도 그렇게 번식해요. 공룡도 그랬지요. 우리 세포들도 그렇고요. 우리 모두 다요. 아무도 이 일을 해내

는 데 더 나은 방법을 생각하지 못했어요. 성장하기, 분열하기, 성장하기, 분열하기, 좀 더 성장하기, 좀 더 분열하기…. 절대 질리지 않는 반복이죠.

바로 지금 이 책을 읽고 있는 여러분은 수년간의 세포분열의 결과물이며 현재 세포 수는 약 30조 개에 육박해요. 그리고 나이를 아무리 먹어도 계속 분열하지요. 매일매일 세포들은 자신의 또 다른 세포를 만드는 일정을 스스로 정해요. 지금도 세포분열이 일어나고 있지만 신체 모든 부분에서 똑같이 일어나지는 않아요. 어떤 세포들은 일단 자리를 잡으면 분열을 멈추지요. 예를 들어 흉곽 안에서 고동치는 심장은 대개 분열하지 않는 근육세포예요. 그래서 누군가 심장암에 걸렸다는 이야기는 들어 보지 못한 거예요. 심장에서는 세포분열이 많이 일어나지 않기 때문에 통제되지 않는 세포가 성장할 가능성은 희박하지요.

하지만 피부는 끊임없이 재생되는 곳이고 그걸 실제로 볼 수 있는 기관 중 하나예요. 음, 적어도 가장 위에 죽은 세포들은 볼 수 있어요. 이 층을 대체하기 위해 밑에서는 세포들이 반복해서 분열하고 또 분열하고 있지요.

우리는 집 여기저기에 끊임없이 이 세포들을 흘리며 곳곳에 먼지를 만들어 내죠. 방을 걸어 다닐 때마다 세포들을 잃지만 여전히 내 겉모습은 똑같아요.

우리는 자신을 하나로 생각해요. 나는 나예요. 자, 보세요. 여기에 난 내 모습으로 서 있어요. 하지만 진짜 난 무엇일까요? 나는 단 1개의 세포에서 발생했고 지금은 엄청난 세포들이 바글바글 모여 있는 공동체예요. 여러분도 마찬가지예요. 여러분이 만난 사람들도 다 그렇지요. 지금 어디에 있더라도 우리는 모두 같은 방식으로 생명을 시작했던 하나의 세포가 이루어 낸 거대 도시랍니다. 누구나 그렇죠.

몸속 세포는 뭘 할까?

세포의 종류

세포들이 끊임없이 쪼개지든 아니면 거의 평생을 나와 함께 있든 간에 여러분은 잠깐이라도 세포에 대해 생각해 본 적이 있나요? 그 세포들은 모두 여러분을 구성하고 있지만 하나하나가 특별하답니다.

30조 가량 되는 세포들은 스타일이 매우 다양하지요. 피부 세포, 혈액세포, 근육세포, 면역세포, 신경세포, 지방세포… 엄청 많아서 다 나열하는 건 불가능에 가깝죠. 지금 수백여 종의 세포들이 여러분의 몸을 구성하고 있는데 그 세포들은 모두 여러분의 많은 부분을 차지해 꽤 많은 일을 잘 해내고 있어요.

심장의 근육세포는 리듬감 있게 경련하고 수축해 몸 여기저기로 적혈구(또 다른 독특한 세포 종류)를 밀어내는 펌프를 작동시켜 더 많은 종류의 세포에 산소를 공급해 엔진을 계속 돌아가게 해요. 간세포는 혈액을 여과하고 폐 세포는 기체를 교환하지요. 세포는 모두 여러분이라는 거대한 기계가 계속 작동하도록 지칠 줄 모르고 일해요.

요가 수업과 명상 수련회에서는 숨을 들이마시고 내쉬면서 폐에 집중해 호흡에 귀를 기울이라고 지시해요. 하지만 눈을 감고(잠깐 책 읽기를 멈춰야겠네요.) 각각의 다른 기관과 조직, 그리고 그 안에서 제각기 일하는 세포를 떠올려 보세요. 심장이 고동치는 것을 느껴 보세요. 지금까지 잘 따라왔다면 뇌에 '귀를 기울이려고' 해 보세요. 결장에게 안부를 묻고 간과 수다를 떨어 보는 건 어떤가요?

우리는 대부분 문제가 있을 때만 몸에 대해 생각해요. 아프면 본능적으로 모든 고통과 통증, 신체의 괴로움을 의식하지만 문제가 끝나자마자 몸을 방치하고 예전과 다름없이 행동하지요.

그 모든 괴로움에도 불구하고(괴로움이 조금도 없는 사람이 누가 있을까요?) 우리 몸은 정말 굉장해요. 아직도 몸을 완전히 이해하지는 못했지요. 수천 년 동안 여기저기 찔러 보면서 복잡한 세포와 조직, 기관, 그리고 그것들이 어떻게 상호작용하는지 계속 밝혀내고 있어요. 오늘날 의학 지식은 10년 전과 확연히 다르지요. 만약 십여 년의 시간을 빨리 감기로 뛰어넘을 수 있다면 우울증, 암, 알레르기를 해결할 수 있는 새로운 치료법이 무엇일지 알 수 있을지도 몰라요. 아직 이 모든 게 해결되지 않았으니까요. 우리 모두 매우 복잡하고 독특하다는 것은 지금 고통받는 사람들에게는 좌절감을 주지만 연구할 게 많다는 점에선 고무적이에요. 아직 발견해야 할 것이 많이 남아 있으니 신비한 여러분의 몸에 흠뻑 빠져 봐요.

몸은 어떻게 수리할까?
세포의 손상

외과 의사나 그와 비슷한 일을 하는 사람을 꿈꾸진 않았지만 그렇다고 비위가 약한 편은 아니에요. 오히려 그 반대죠. 나는 손이 베었을 때(보통 서투르게 사과를 깎다 칼이 미끄러지는 경우죠.) 뚝뚝 떨어지는 피를 가만히 바라봅니다. 그리고 생각하죠. '봐! 정말로 살아 있는 세포야!

아주 예쁜 빨간 색이네!'

몸의 바깥쪽에 보이는 것들은 죽은 게 많아요. 피부는 오래전에 죽은 세포들이 그 아래에 살아 있는 조직을 보호하며 이룬 층이지요. 그래서 가려운 곳을 가볍게 긁거나 수건으로 얼굴을 문질러도 피가 나지 않아요. 그리고 머리카락은 살아 있다거나 죽었다고 말할 수 있는 게 아니에요. 그저 기다란 단백질 가닥이죠.

우리는 살아 있는 조직을 보는 것에 익숙하지 않아서 살아 있는 조직을 우연히 마주쳤을 때의 공포심이 경이롭다는 느낌을 강하게 막아서지요. 설사 그 조직들이 아주 멋지다 해도 이 내부의 세포를 만나기 위해 계획을 세우는 사람은 없어요.

자주 있어서는 안 되는 일이지만, 스스로 상처를 입힌 경우 몸은 즉시 그 손상을 고치기 위해 일련의 사건을 일으켜요. 간단하게 종이에

베였다고 생각해 보죠. 인정하고 싶지는 않지만 난 자주 베이는 편이에요. 뭔가 크게 문제가 있는 게 틀림없어요. 흠, 편지 봉투를 여는 무딘 칼만 쓰거나 오븐 장갑을 끼고 종이를 다루어야겠네요.

어쨌든 피부를 자르면 근처 세포들은 분명히 알아차려요. 우선 여러분은 벌써 몇몇 세포를 죽였어요. 이크, 바로 사상자가 발생했지만 괜찮아요. 다시 만들어 낼 테니까요. 전사한 세포에서 쏟아지는 내용물에는 손상 부위를 침입자로부터 보호하기 위해 주변 면역 세포를 불러들이는 분자가 있어요. 이 때문에 혈액이 그 지역에 넘치게 되지요. 모든 것이 매우 혼잡해지고 혼란스러워져요.

그 후 혈소판이 약간 뒤섞여 뭉쳐진 혈액은 피부 댐에 생긴 구멍을 막아요. 그다음 일단 출혈이 멈추면 청소와 재생을 시작할 수 있지요. 살아남은 이웃 세포들은 벽에 생긴 틈에 다리를 놓기 위해 분열하기 시작해요. 그렇게 분열하는 세포들이 중간에서 만나면 세포분열 소동은 중단되지요.

이 전 과정은 (재정 상태가 좋은 소방서와 강한 조합이 있는)도시의 화재 구조와 비슷해요. 경보기가 울리고 소방차가 나타나 피해를 막고 구급차가 피해를 입은 사람들을 돕죠. 이웃들은 물병과 그래놀라 바를 들고 밖으로 나와요. 그러고 나서 천천히 그 집은 다시 세워지죠. 때로는 정신없어 보일 수도 있지만 표준화된 절차로 이루어진 전술훈련이라 할 수 있어요.

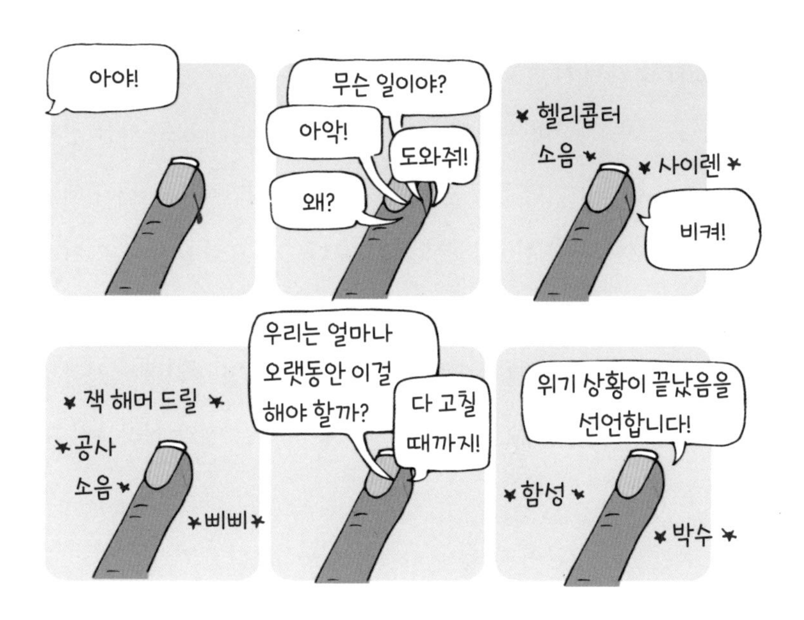

다음에 살을 조금 베거나 찔렸을 때 통증이 가라앉으면 여러분은 여러분을 보호하고 손상을 고치기 위해 바로 일을 시작하는 세포에 감탄할 수 있어요. 그리고 앞으로는 좀 더 조심하세요.

내 몸은 나만의 것이 아니다 마이크로바이옴

몸을 잘 살펴보세요. 모두 내 것 같은가요? 그렇게 보일 수 있어요. 하지만 엄밀히 따지면 전부 여러분 것은 아니에요. 우리 몸의 표면과 몸속에는 수조 개의 세균이 있어요.

거울을 보며 찬찬히 생각해 보면 이상해요. 우리는 모두 가끔 정체성 혼란을 겪지만 이번 경우는 아주 특별하죠. 일반적으로 몸의 세균은 개별 세포에 관한 한 여러분의 세포보다 수적으로 우세해요. 여러분은 대략 30조 개의 세포로 이루어졌지만 우리 몸에 살고 있는 세균은 무려 39조 개예요. 세포 수를 기준으로 따진다면 여러분은 인간보다는 세균에 가깝겠네요. 그렇다면 여러분의 몸은 정말 여러분의 것이 맞을까요?

앗, 잠깐만요. 세균이 더 많다 하더라도 우리보다 크기가 크지는 않습니다. 세균 하나는 우리 세포 1개보다 훨씬 작으므로 기쁘게도 우리 몸의 대부분은 여전히 나예요.

하지만 문제는 그게 아니에요. 집을 공유하는 미생물은 우리에게 큰 영향을 미치지요. 어떤 면에서 미생물은 세포만큼이나 여러분을

구성하고 있다고 볼 수도 있어요. 건강한 세균 집단은 해로운 침입자들이 몸에서 자리 잡지 못하게 해요. 그리고 음식 소화를 돕고 영양분을 끌어내는 일을 돕지요. 무해한 알레르기 유발 항원과 위험한 침입자 사이의 차이를 가르치며 여러분의 면역 체계를 바로잡고요. 그래서 건강한 세균 집단은 우리 몸의 단순한 불법 침입자가 아니라 개선을 돕는 충직한 세입자랍니다. 또 세포에게 어떤 유전자를 사용할지 알려 주고 때때로 유전자를 제공할 수도 있어요. '우리'와 '세균들' 사이를 가르는 가상의 선이 흐릿해지고 이 몸의 진짜 주인이 누구인지 궁금해질 정도이지요.

이러한 보이지 않는 존재들과 우리의 관계는 만일 여러분이 (아주 깨

끗한 플라스틱 풍선 속 같은)무균 환경에서 일생을 보냈다면 현재와 같은 사람이 아닐 수도 있다는 뜻이에요. 평행 세계에서의 인생을 상상해 봤다면(다른 시간이나 장소에서 자랐다면, 다른 결정을 했더라면) '미생물이 없었다면' 버전도 포함해 보세요. 미생물이 없었거나 다른 종류의 미생물에 노출되었더라면 여러분은 지금과 다를 수도 있어요.

우리는 이 복잡한 관계를 아직 알아가는 중이어서 우리 몸을 터전으로 살아가며 건강에 아주 많은 영향을 미치는 세균의 정체를 아직 다 알지 못해요. 따라서 지금 여러분 안에는 아직 아무도 모르는 새로운 세균 변종이 있을 수 있다는 거예요. 여러분의 내부는 아마존 열대우림과 같아서 발견되지 않은 다양한 생물과 미지의 생태계로 가득하지요. 여러분은 옆에 앉아 있는 사람과는 전혀 다른 마이크로바이옴microbiome[1])을 가지고 있을 수도 있어요. 어쩌면 200년 전에 살았던 사람과 전혀 다를 수도 있고요.

그리고 같은 사람이라 할지라도 어떤 날과 그다음 날이 똑같지 않아요. 여러분이 결정한 식단과 몸에 집어넣고 바르는 것들이 바글거리는 마이크로바이옴에 영향을 줄 수 있기 때문이에요. 소화관에 사는 마이크로바이옴은 식단을 결정할 권리가 없어요. 오로지 우리가 입에 넣기로 선택한 음식을 먹지요. 만약 (어떤 의미건 간에)'더 나은' 음식에 대한 영감이 필요하다면 여러분에게 의지하고 있는 수조 개의 세균을 떠올려 보세요.

---

1) Microbiome, 미생물(microbe)과 생태계(biome)의 합성어로, 미생물군의 집합체를 일컫는다_옮긴이

만약 바쁜 사람이라면 관리해야 할 일이 늘었다는 말처럼 들릴지도 몰라요. 그래요, 윽. 현미경으로 봐야 겨우 보이는 이 생명체가 우리가 매일 느끼는 감정에 영향을 미칠 수 있다는 것은 헛소리처럼 들리겠지만 실제로 가능할 수 있답니다. 여러분의 마이크로바이옴이 번성할 때 여러분도 번성할 수 있어요. 그래서 이기적인 측면에서 보더라도 이 작은 녀석들을 돌보는 건 좋은 선택이지요.

하지만 표면에서 살고 있는 미생물 동거인은 우리 몸에서 악취가 나게 할 수도 있어요. 입 냄새나 암내가 났던 적이 있나요? 없다고요? 음, 축하해요. 하지만 나처럼 경험한 적이 있다면 여러분의 입이나 겨드랑이에서 퍼지는 악취는 주로 세균 때문이에요. 세균들이 우리가 먹는 음식이나 땀샘에서 만드는 기름과 단백질을 마음껏 먹고 만들어 낸 배설물은 꽤 나쁜 냄새가 나지요. 이런 냄새 때문에 불편하다면 냄새를 만드는 게 전적으로 내 탓이 아니라는 사실에서 조금 위안을 얻을 수 있을지도 모르겠네요. 하지만 어느 쪽이든 샤워를 하고 양치질을 잘하면 단기적으로 문제를 해결할 수 있을 거예요.

세균 살인자를 찾아서

항생제

(세균 집단이 미쳐 날뛰면 겪게 되는)중이염, 피부 감염, 상기도 감염으로 병원에 가면 오랫동안 꿈의 물질이었던 그것 즉, 항생제를 의사가 처방할 수 있다니 정말 놀라워요. 바로 세균은 파괴하지만 우리 세포는 그대로 두는 물질이지요.

지금은 별스럽지 않지만 몇 세대 전 사람들에게 이러한 감염은 치명적일 수 있었죠. 중이염은 뇌로 퍼져서 위험했어요. 매우 감사한 약 덕분에 오늘날 선진국 사람들에겐 단순 감염으로 죽는 게 비교적 드문 일이 되었지요.(그리고 앞으로도 그런 상태가 유지되길 바라요.)

마지막으로 항생제의 도움을 받았던 때를 떠올려 보세요. 내가 이 화합물을 마지막으로 경험했던 건 딸이 중이염에 걸렸을 때였죠. 딸아이에게 페니실린이 처방되었는데, 페니실린은 인간이 발견해 감염 치료를 위해 산업적인 규모로 생산한 최초의 항생제였어요. 하지만 '발견'이라는 단어를 사용하는 건 좋지 않아요. 페니실린은 인간의 독창성과 기술력으로 발명한 게 아니에요. 항생제에는 '알아챘다'는 용어가 더 어울린다고 생각해요. 페니실린은 푸른곰팡이가 세균을 막아 내기 위해 만들어 내는 물질로, 솔직히 인간은 곰팡이의 아이디어를 훔쳤을 뿐이에요.

페니실린은 세균이 세포벽을 쌓기 어렵게 만들어요. 사실 많은 항생제가 이런 식으로 작용하지요. 항생제는 우리 몸의 세포에는 없는 구조를 공격해서 세균만 파괴하고 우리 세포는 손상 없이 내버려 둘 수 있어요. 항생제를 복용할 때마다 여러분은 선택적으로 일부 세포만을 살해하는 약을 삼키고 있는 거예요.

하지만 이 약은 아주 세심하지는 않아서 문제를 일으키는 세균 종류만 죽이는 건 아니에요. 우리는 마이크로바이옴과 그들을 어떻게 돌봐야 하는지 한참 이야기하고 나서, 이와는 상반되게도 마이크로바이옴을 파괴하는 약을 먹는 셈이죠. 항생제는 침입자인 세균과 우리가 함께하기를 원하는 세균을 구별할 수 없어요. '나쁜' 세균과 '좋은' 세균이라고도 말하죠. 지금까지 이야기한 많은 주제처럼 이 판단도

주관적인 부분이어서 선뜻 말하기 어려워요. 자연에서 애초부터 나쁜 것은 없어요. 그렇게 간단하지 않지요. 잡초가 나쁜 식물이 아니듯이 세균은 우리를 죽이려 할 때조차 단지 그러지 않았으면 하는 곳에서 잘못 자리 잡고 성공적으로 자라는 세포일 뿐이지요. 일부러 그러는 건 아니에요.

항생제는 정말 기적적인 치료법이에요. 우리는 항생제가 항상 우리를 위해 있다고 생각하며 쉽게 안심할 수 있지요. 항생제만 있다면 언제든 해로운 세균을 죽일 수 있다고 말이죠. 하지만 이 문제에 대해 세균은 협의한 적도, 어떤 조약을 체결한 적도 없어요. 세균들은 강력히 맞서 싸우며 우리가 흔히 사용하는 많은 항생제에 대한 저항력을 나날이 키워 가고 있죠. 그건 무서운 일이지만 꽤 인상적이기도 해요.

어쨌든 세균들은 생물이고 영화 〈쥬라기 공원(Jurassic Park)〉 시리즈는 생물은 항상 제약에서 벗어나려고 노력한다는 것을 일깨워 주지요. 세균도 다르지 않아요. 심지어 나는 이 세균들의 끊임없는 노력에 감탄하느라 우리에게 문제를 일으킨다는 걸 잊기도 해요. 가벼운 축농증이든 한층 심각한 결핵, 파상풍, 디프테리아 같은 것이든 간에요. 세균들은 항생제가 자신을 막기 위해 설치한 바리케이드 주변에서 다른 길을 찾아내 이 기발한(또는 보는 관점에 따라 사악한) 정보를 서로 공유하는 시스템을 가지고 있어요.

세균의 관점에서는 우리가 악당이지요. 〈스타워즈(Star Wars)〉 용어로 말하자면 우리는 제국군이고 세균은 반란군이에요. 따라서 결국 가장 중요한 것은 세균을 악마로 만드는, 생물을 무조건 선하거나 악하다고 구분 짓는 모 아니면 도라는 식의 인식은 버려야 해요. 완전 무균 세계에서 살 수 없다는 사실을 우리 자신에게 일깨워 줘야 해요. 우리가 차지하는 꼭 그만큼 그들도 차지하며 살아갈 수 있게 함께 공존해야 하죠. 그리고 만약 단세포생물이 생존 문제에서 우리를 쉽게 앞선다면 자존심을 조금 누그러뜨려야 할지도 몰라요.

우리는 미생물의 세계에서 산다

어디에나 있는 세포

선과 악의 영원한 투쟁을 깊이 생각하다 보면 배가 고파져서 간식을 먹으러 냉장고로 달려가지요. 하지만 그 전에 우리는 왜 냉장고라는 차갑고 커다란 상자를 모두 다 가지고 있는지 생각해 보죠. 간단히 말하면 우리와 마찬가지로 세균도 추위를 싫어하기 때문이에요.

그래요, 빵 한 덩어리를 굽거나 딸기를 따거나 그릴에서 치킨 한 조각을 꺼내는 순간부터 우리는 누가 먼저 그 음식을 먹을 수 있는지(우리인지 아니면 우리 세계를 공유하는 많은 미생물인지)를 가리는 경주에 참여하게 되지요.

미생물이 먼저 음식에 도착하면(우리의 동의 없이요. 물론 맥주나 치즈 같은 것은 미생물이 필요하니까 예외로 하죠.) 우리는 그 음식이 "썩었다"거나 "상했다"고 말합니다. 하지만 진짜 의미는 그 경주에서 우리가 졌다는 거예요. 2등에겐 상도 없지요. 이 시합은 모든 걸 얻거나 혹은 다 잃는 것밖에 없어요.

미생물은 정확히 무엇일까요? 식품 부패에 있어서 중요한 것은 (아마도 짐작했을)세균과 균류예요. 균류는 맨눈으로도 자주 볼 수 있기 때문에 나는 아주 좋아한답니다. 곰팡이를 보면 빵이 곰팡이에게 먹혔는지 아닌지 알 수 있어요. 빵 곰팡이는 매우 분명하니까요. 녹색 종류는 특히나요. 흰곰팡이는 가끔 바로 알아차리기 힘들어요. 빵에 뿌려진 가루 설탕이나 고운 밀가루처럼 보이기 때문이죠. 그래서 딴 데 정신이 팔린 날은 곰팡이가 핀 빵을 물어뜯기도 한다고 자백할 수밖에 없네요. 하지만 그때도 꽤 빨리 알아차려요. 너무 바빠서 시각 신호를 못 받으면 냄새가 꽤 도움이 된답니다. 그 냄새는 끔찍하지요.

내 인생에 반복되는 난관 중 하나는 수요일 밤에 주로 등장해요. "주말에 남긴 음식들을 먹어도 안전할까?" 하는 질문이죠. 남은 음식을 평일에 먹기엔 적합하지 않다는 사실이 나를 끝없이(정말 끝없이) 괴롭히지요. 주말에 음식을 많이 해서 금요일까지 먹고 싶지만 보통은 통하지 않아요. 하지만 우리가 남은 음식에 대해 궁금해할 때 하는 질문은 으스스하게도 다른 것이 이 음식을 먹기 시작했는가 하는 거예요.

세균은 아주 오래전에 지구를 점령했고, 상상할 수 있는 모든 환경에서 엄청난 성공을 거뒀어요. 이 작은 생물인 세균이 냉장고에 있는 음식은 좋아하지 않는다는 건 우리에게 행운이에요. 강인한 세균이라도 물의 어는점 근처(냉장실은 대부분 이 온도보다 단 몇도 높죠.)에서 좀 더 느리게 움직이는 것을 피할 수 없지요. 세포 내 반응을 돕는 단백질 효소는 온도가 떨어지면 효과적으로 작용하지 않아요. 냉장고 안에서 모든 것은 더뎌지죠. 그래서 남은 스테이크를 다 먹고 딸기를 먹고 우유를 들이켤 수 있는 시간을 충분히 벌어 줄 수 있어요.

하지만 단 몇 시간이라도 상온에 음식이 나와 있으면 항상 주위에 있는 세균이 음식을 점령하고 증식해 광대한 세균 도시를 건설하고 헌법 초안까지 작성할 수 있어요. 그래, 인정해요. 마지막 건 아니지만 여하튼 세균은 자신이 더 편안하게 생각하는 온도(우리 역시 좋아하는 온도 범위)에서 우리 음식을 먹기 시작해요.

세균들이 화장실에 가야 할 때 사람들처럼 한다면 아마 그렇게 나쁘진 않을 거예요. 세균들이 일어서서 음식이 없는 곳으로 자리를 옮기고 다른 곳에 배설한다면 어쩌면 우리 모두 잘 지낼 수 있을지도 모르지요. 하지만 아뇨, 세균은 앞에서 말했듯이 '나쁘지' 않지만 언제나 최고의 관리인은 아니에요. 말 그대로 먹은 곳에 똥을 싸거든요.

다행히도 우리는 세균이 만드는 배설물 일부의 냄새를 맡을 수 있어요. 미심쩍은 음식을 먹기 전에 냄새를 맡는 행동은 세균의 배설물을 탐지하려고 하는 거예요.(하지만 솔직히 이 정도라면 그냥 쓰레기통에 던져 버리는 게 좋을 거예요.)

세균의 배설물 냄새를 맡는 것은 꽤 불쾌한 일이지만 그보다 더 최악의 상황은 우리 몸속에서 독자 생존할 수 있고 계속 번성하는 특정 세균의 군체를 먹는 거예요. 골치 아픈 신참을 대량으로 들여오면 경보음이 울리고 우리 몸은 균형을 회복하기 위해 어떤 일이든 할 준비

태세를 갖춰요. 이러한 미심쩍은 품목들이 들어왔던 길로 나가야 한다거나(구토) 그것들을 씻어 내기 위해 그 지역을 물에 잠기게 해야 한다고(설사) 주장할지도 몰라요.

그래서 공중 보건과 기본예절에서는 일반적으로, 음식을 준비하기 전에는 손을 씻어야 한다고 강조해요. 그렇지 않으면 손에 있는 상당량의 세균이 맛있는 피자로 옮겨질 수 있으니까요. 세균이 행복하게 증식할 수 있는 곳이죠. 식중독은 불쾌한 일이에요. 음식을 다루는 사람이 화장실에서 볼일을 본 후에 손을 충분히 씻지 않아서 생긴다는 사실을 굳이 떠올리지 않아도 말이에요.(누군가 여러분의 식판에 재채기를 했을 수도 있지요. 전부 배설물 속 세균 때문인 건 아닙니다.)

세균은 어디에나 있어요. 우리가 비누를 사용하고 조리대를 닦고 음식을 냉장고에 넣어 두는 건 이 사실을 분명히 알고 있기 때문이에요. 하지만 여러분은 이 책을 집어 들기 전까지의 삶은 말할 것도 없고 어떻게든 여기까지 읽을 만큼 충분히 미생물의 맹공을 견뎌 왔으니 아마 앞으로도 괜찮을 거예요. 여러분은 그저 해오던 일을 계속하면 되지요. 냉장고에 우유를 다시 넣고 쿠키를 변기에 빠트리지 않고 참, 점심을 만들거나 먹기 전에 손도 꼭 씻고요. 제발요.

세포는 죽더라도 내 몸은 죽지 않아

아주 작은 세포의 죽음

질병과 죽음에 관심이 많을수록 태어나는 순간부터 서서히 죽어간다고 사색하기를 좋아해요. 우리가 서서히 죽어간다는 건 사실일 거예요. 성장이 멈추면 죽기 시작한다고 말하는 게 조금 더 이치에 맞는다고 생각하지만요. 즉 열세 살 이후로 쇠약해지고 있는 거지요. 중학교 이후의 삶을 떠올려 보면 대부분 틀렸다고 말할지도 몰라요. 하지만 실제로 우리의 특정 부분은 매일 죽어 가요. 바로 지금 여러분의 몸 어딘가의 세포는 가야 할 때라고 결정하고 있죠. 맞아요, 매우 극적으로 들리죠. 하지만 지극히 정상적이고 품위 있는 과정이에요.

보세요, 세포는 언제 끝내야 하는지를 알아요. 종이에 베이거나 바이러스에 감염되거나 다른 외상으로 죽임을 당하는 것과는 완전히 다르지요. 네, 이건 세포의 차분하고 정돈되고 체계적인, 계획된 죽음이에요. 모두 원대한 계획의 일부이며 세포가 늙었을 때 맞이하는 이런 죽음은 그들에게 놀라운 것이 아니지요.

폐업을 결정하는 사업과도 같아요. 모든 장비를 해체하고 이웃에게 알리고 다음 세입자가 쓸 수 있는 공간으로 만들지요. 하지만 이 비유에서 다른 점은 죽어 가는 세포가 최후를 어떻게 맞이하느냐 하는 거예요. 세포는 먹혀요.

그래요, 돌아다니면서 죽어 가는 세포를 집어삼키는 임무를 맡은 세포가 있어요. 이 배고픈 세포를 대식세포macrophage라고 하는데 면역 체계의 일부지요. 대식세포는 침입자도 먹기 때문에 몸속 세포만 먹는 건 아니지만, 이걸 생각해 보세요. 여러분의 내부 어디선가 예를 들어 췌장에서 지금 이 순간 한 세포가 폐업하면서 지나가는 대식세포에게 간식 시간이 되었다고 알려 주는 거예요. 대식세포는 감사해하며 그 노인 세포를 감싸 분해하고 모든 부분을 재활용해 다른 세포들이 사용할 수 있게 해요. 이로써 모든 게 깨끗하게 유지되어 근처의 세포들은 콧노래를 부르며 여러분이 살아가게 도와주지요. 대식세포들은 말 그대로 우리를 스스로에게서 구해 줘요.

하나의 단위처럼 느껴질지 모르지만, 실제로 여러분의 몸은 생명체가 바글거리는 섬이에요. 그리고 여느 다양하고 번성하는 생태계처럼 탄생, 죽음 그리고 그사이에 몇 가지 것들을 바탕으로 만들어지죠. 내 경우엔 완전히 성장한 성인으로서 대략 같은 양의 출생과 죽음이 진행되고 있어요. 세포들이 죽으면 다른 세포들은 죽은 세포들을 대체하기 위해 둘로 분열해요. 덕분에 나는 거의 같은 크기를 유지하며 계속 숨을 쉬지요.

우리는 하나의 세포로 시작해 계속 반복해서(그리고 반복하고 또 반복해) 성장했어요. 지금 살아 있는 세포를 즐기면서 여러분을 여기로 데려오기 위해 죽어 간 세포들에게도 현재의 세포에게처럼 똑같이 빚졌다는 사실을 잊지 마세요. 죽어간 세포는 여러분을 이 자리에 있게 한 조상ancestry과 그리 다르지 않아요. 여러분은 여러 세대에 걸친 세포와 사람들의 정점이지요.

하지만 전사한 세포에 대해 슬퍼하지 마세요. 전사한 세포의 장례식을 치러 줄 필요는 없어요. 대신 능력이 닿는 대로 오늘을 경험하며 삶을 축하해 보세요. 그것이 여러분의 소중한, 세상을 떠난 세포들이 원한 일일 거예요.

뇌:
놀라운 신경 과학의 비밀

나는 머리에 관해 생각하기 위해 머리를 사용하고 있어요. 어쩌면 여기서 그대로 이 장을 끝낼 수도 있을 정도로 굉장한 일이지요. 하지만 덤으로 이 정신의 토끼 굴을 계속 내려가 보죠.

뇌와 나머지 신경계에 관한 연구는 과학의 중요한 미개척 분야로 남아 있어요. 짜증스러울 정도로 복잡한 이 시스템이 어떻게 작동하는지 아직도 알아야 할 게 많아요. 그런데 이건 단순히 알아가는 즐거움을 위해서만 연구하는 게 아니에요. 우울증 같은 정신 질환과 간질 같은 만성질환, 알츠하이머와 같은 퇴행성 질환을 앓는 사람을 도와야 하기 때문이에요. 과거에 인간의 뇌를 배우는 공통적인 방법은 누군가가 머리를 다쳤을 때 일어나는 일에 주목하는 거였어요. 뇌의 특정 부분에 생긴 손상이 미치는 영향을 보고 그 부분이 멀쩡했을 때 용도가 무엇이었는지 추론하는 방법이었지요. 아직도 그렇게 뇌를 배울 수 있지만 이제는 좀 더 복잡한 방법이 있어요. 시뮬레이션과 모델, 인공지능artificial intelligence 그리고 자기 공명 영상MRI 같이 이미지를 그리는 도구를 사용하는 거예요. 이런 방법들은 우리가 뇌의 지도와 상호 연계성을 이해하는 데 도움이 되지요.

하지만 매일 우리 뇌가 사소하게 행하는 많은 일은 가장 최근의 신경 과학 폭로만큼이나 놀라울 수 있어요. 간단해 보이는 독서 행위조차 시각적 자극(누군가 책을 읽어 준다면 청각적 자극), 언어 해독, 기억을 처리하는 과정이 연관되어 있어요. 그리고 자세를 바로 하고 책장을 넘기며 이따금 커피를 홀짝이거나 베이글을 씹어 먹는다면 운동 기능 역시 연관되지요.(이 마지막 행동은 지금 내가 하고 있답니다.)

뇌는 우리를 규정하고 (아주 혼란스러운)우리가 세계를 이해하게 해줘요. 뇌는 항상 작동하고 있지요. 심지어 우리가 단잠을 자고 있을 때도요. 그러나 이 기관으로 거의 하지 않는 일은 뇌의 훌륭함을 생각해 보는 일이에요. 우리는 무엇에 집중하기 위해 사용하는 바로 그 기관을 쉽게 무시하지요. 뇌는 특별한 관심을 받을 자격이 있어요. 그러니 뇌에 주목할 시간을 갖고 뇌가 어떻게 보고, 기억하고, 때때로 스트레스를 받는지 살펴야 해요.

뇌는 주변을 어떻게 이해할까?

인식

우선 뇌가 주변을 어떻게 인식하는지 알아보죠. 사실 이보다 더 메타적[1]이고 놀라운 일은 없어요. 기억하세요, 여러분은 그저 단단한 골격에 의해 지탱되는 물렁물렁한 살코기로 이리저리 움직이며 정보를 얻고 매 순간 무엇인가 이해하려고 애써요. 이렇게 살아가는 일만으로도 지쳐야 하겠지만 우리 뇌는 세계를 항해하는 데 너무나 탁월해서 이런 건 '생각'할 필요도 없어요.

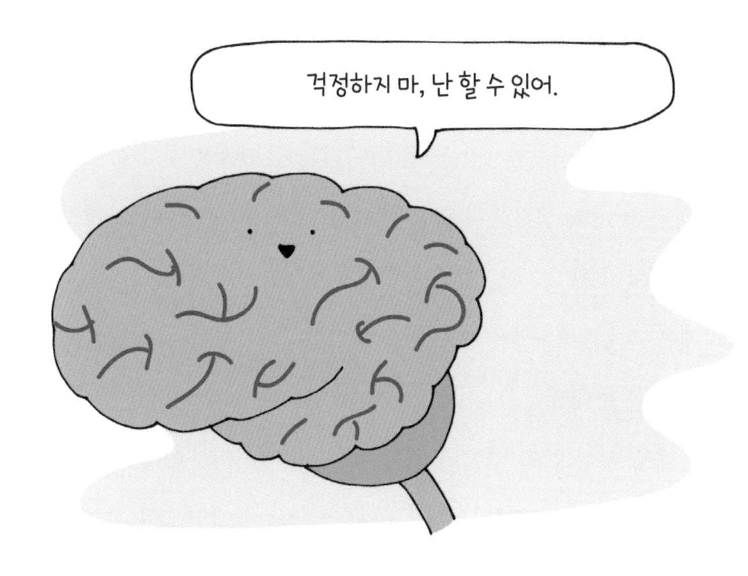

1) 어떤 범위나 경계를 넘어서거나 아우르는 것_옮긴이

심지어 많은 것을 하지 않을 때도(내가 가장 좋아하는 일이에요.) 여러분의 뇌는 눈, 귀, 피부, 코, 혀에서 오는 정보 더미와 막대한 양의 자료를 고속으로 처리하고 있어요. 하지만 전부 똑같이 처리하지는 않지요. 대부분을 무시한다 하더라도, 그나마 관심을 가질 가치가 있는 게 무엇이고 중요하지 않아 무시해도 되는 게 무엇인지 결정해야 하죠.

지금 여러분이 받아들이고 있지만 모른 채 지나갈 수 있는 정보를 모두 생각해 보세요. 아마도 배경 속으로 희미해져 가는 주변 소리, 의자에 앉아 있는 엉덩이의 육체적 감각, 너무 오래되어서 있는지도 모를 포스터, 아직 설거지하고 싶지 않은 더러운 접시에서 나는 미세한 악취 등이 있을 거예요.

때때로 우리는 여러 가지를 무시해요. 신경세포들이 굳이 말해 주지 않기 때문이지요. 아침에 바지를 입을 때 피부에 스치는 직물의 감촉을 느꼈을 거예요. 하지만 꽤 편한 바지를 입는다면 매 순간 피부에 닿는 바지에 대해 생각하지 않을 거예요. 피부의 신경들이 뇌에 반복해서 같은 신호를 보내는 것에 싫증을 내기 때문에 결국 바지에 익숙해지지요. 이걸 적응adaptation이라고 해요. 여러분의 신경세포들은 그렇게 하루를 보내요.

시각에도 이런 일이 일어날 수 있어요. 만약 여러분이 눈을 정말로 조금도 움직이지 않고 잠시 〈모나리자〉를 응시한다면 그림이 눈앞에서 사라질 거예요. 신경이 그 이미지에 익숙해져서 그림을 무시하기

시작하니까요. 하지만 눈이 완전히 정지하는 일은 절대 없기 때문에 엄청나게 오래 보고 있더라도 그런 일은 결코 일어나지 않아요. 눈은 항상 아주 약간이더라도 이리저리 움직여요. 심지어 10초 동안 한 지점을 열심히 응시하는 것도 믿기 힘들 정도로 어렵답니다. 그래서 '눈휴식'이 아니라 '눈싸움'이라고 부르는 게임도 있는 거겠죠.

하지만 (걱정할 만한 시력 문제가 없다면) 망막의 신경세포가 여러분이 보는 것에 대한 정보 전송을 멈추는 게 어떤 건지 경험해 볼 수 있어요. 응시할 곳을 골라 손가락으로 시선을 제자리에 고정해요. 내가 찾아낸 가장 쉬운 방법은 엄지손가락을 아래 눈꺼풀에 대고 집게손가락을 위쪽 눈꺼풀에 댄 후 안구의 가장자리를 지그시 눌러서 완전히 정지시키는 거예요. 이제 계속 응시하세요. 몇 초 이내에 주변부터 시야가 어두워지기 시작할 것이고 그 후 나머지 시야도 사라질 거예요. 똑같은 정보를 뇌에 보내는 데 지친 신경세포가 결국 아무 말도 하지 않게 되는 순간이에요. 내 경우엔 눈을 전혀 움직이지 않고 기다리면 시야가 완전히 텅 빌 때까지 10초밖에 안 걸려요.

눈이 안 보인다고 절망하지 마세요! 눈을 놓아 주고 주변을 둘러보며 깜박이면 시야는 쉽게 돌아와요. 신경세포는 이제 뇌에 전해 줄 새로운 시각적 자극을 전송하며 일을 다시 시작해요.

신경세포가 작용하는 방식은 신문기자들이 일하는 방식과 비슷해요. 오직 새로운 변화만 보고하고 같은 상태를 유지하는 것들은 말하지 않지요. 태양이 억만 번째 떴다는 것은 신문 1면 뉴스가 될 수 없어요. 그 소식을 보도할 사람은 아무도 없지요. 하지만 선글라스를 낀 태

양이 떠오른다면 분명히 뉴스에서 끊임없이 떠들어 댈 거예요.

눈이 뇌에 새로운 시각 소식을 기쁘게 전달하고 있을 때도 눈에는 맹점blind spot이 있어요. 빛 감지 신경이 있는 눈의 뒤쪽에 시신경이 연결되는 틈이 있는데 바로 그 부분이 맹점이에요. 다행히 맹점은 망막의 한가운데 있지 않아요. 시야에서 덜 중요한 살짝 옆쪽에 있지요. 그렇다 해도 외부를 바라볼 때 그 부분을 처리할 시세포가 없으므로 원래대로라면 시야의 양쪽 아래에 2개의 까만 점이 있어야 해요. 하지만 여러분이 어디를 가든 여러분을 따라오는 까만 점 2개는 없어요. 뇌가 그 틈을 실시간으로 채우고 있기 때문이에요. 그래요, 여러분이 매일 보는 것 중 일부는 실제로 그곳에 있는 게 아니라 그 장소에 있을 거라 뇌가 추측해 낸 거예요. 우리는 모두 약간의 환각을 느끼고 있는 셈이랍니다.

하지만 와, 정말 감쪽같아요. 진짜 모습 같아서 마치 내가 볼 수 있는 것처럼 느껴져요. 내 뇌가 모든 면에서 잘 추측해서 트리비아 나이트 trivia night [1]에 도움을 주면 좋겠네요.

맹점에 대한 증거를 보고 싶다면 손쉽게 이 정신적 속임수를 밝히는 광학 테스트가 있어요. 오른쪽 눈을 감고 아래의 더하기 기호를 응시하세요. 책을 들고 앞뒤로 천천히 움직이면 별이 사라지는 순간이 있을 거예요. 맹점과 일치했기 때문이죠. 그다음엔 반대로 해 보세요. 왼쪽 눈을 감고 별을 응시하세요. 더하기 기호를 사라지게 할 수 있어요.

흔히 '보이는 것만 믿으라'고 주장하며 감각을 신뢰하지만 사실은 그 반대예요. 하루를 살아 내기 위해서 보이는 것에 의존해야 할 뿐이죠. 결국 이게 우리가 시각에 대해 이해해야 하는 전부예요. 하지만 우리 시야는 프레임 안에 있는 모든 것에 관심을 똑같이 주며 객관적으로 포착하는 카메라가 아니에요. 시야는 선택적이고 일부분밖에 보지 못하며 쉽게 조작할 수 있죠. 이제 여러분이 내가 말하는 의미를 볼 수 있기를 바라요.

1) 시사 상식 등을 겨루는 일종의 퀴즈 대회_옮긴이

정확하지 않다는 사실을 잊지 말자
잘못된 기억

우리 뇌는 보고 듣고 느끼고 맛보는 것을 실시간으로 처리하기 위해 고되게 일을 할 뿐 아니라 나중을 위해 그 정보를 일부 저장해요. 그럼 뇌에 저장된 기억의 길을 따라 여행을 시작해 보죠.

기억보다 개인적인 것은 없기 때문에 약간 낯설 수도 있어요. 우리 모두 기억이 조금씩 다르죠. 이 지구상에 같은 기억을 가진 사람은 없어요. 항상 함께한 누군가가 있다 해도 기억은 다를 거예요. 그리고 여러분은 기억을 만드는 데 벌써 몇 년이나 썼어요. 엄청 많은 일이지요. 삶은 매일매일 기억을 만드는 행위예요.

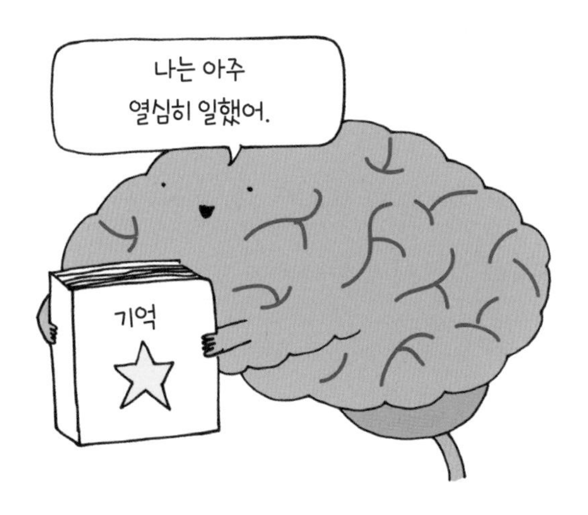

두 살짜리 아이와 함께 살면서 나는 매일 쌓여 가는 추억을 지켜보고 있어요. 아이는 다음과 같이 하나씩 차근차근 배우고 있죠. '아이스크림은 맛있어. 신발을 입속에 넣으면 안 되나 봐. 비명은 잘 사용하면 효과적으로 관심을 끌 수 있는 방법이야.'

잠깐 동안의 기억조차도 정체성을 형성하는 데 많은 영향을 미쳐요. 그리고 우리는 기억에 전적으로 의존해 세계를 헤쳐나가지만 때때로 그 의존이 너무 심해서 기억에 감사하는 것을 용케도 '잊어버릴' 수 있어요. 알다시피 기억은 추상적인 개념이지만 기억 저장은 우리 몸의 육체적인 것에 달려 있지요. 설사 우리가 어떤 것을 기억하려고 애쓰다가 몇 시간 후에 머릿속에서 불현듯 떠오를 때 그렇게 착각할 수 있겠지만 기억이 갑자기 뿅 하고 나타난 게 아니에요.

좋은 기억을 떠올려 보죠. 방학이나 모임, 가장 좋아하는 영화일 수도 있겠네요. 여러분이 그 기억을 되새길 때 뇌에서 지금 무슨 일이 일어나고 있는지 곰곰이 생각해 보세요. 뇌세포는 재잘거리며 서로에게 메시지를 보내고 그 저장된 경험에서 감각 정보를 끌어내고 있어요. 어쩌면 그날 눈이 처리했던 상세한 정보 중 일부를 볼 수도 있지요. 과거에 경험했던 냄새를 맡거나 소리를 듣거나 느낄 수도 있고요.

기억에 대해 생각하는 것은 정신운동이 될 수 있어요. 기억은 내가 늘어놓은 장면이 들어 있는 영화필름이 머릿속에 있는 것처럼 아주 진짜 같고 구체적으로 보여요. 하지만 기억 영화관에는 오직 한 자리만 있어요. 누구도 내 기억을 볼 수 없어요. 두개골을 열고 뇌를 뒤져도 볼 수 없죠. 여러분은 내 뇌에서 〈고스트버스터즈(Ghostbusters)〉를 찾아내지 못할 거예요.(난 그 각본을 다 외울 수 있지만요.) 그 기억은 뇌 속에 따로 하나의 단위로 저장되는 게 아니에요. 세포 간 연결을 아우르는 한 세트처럼 저장되지요.

하지만 기억을 만드는 연결이 모두 똑같지는 않아요. 그 연결이 어떻게 만들어지고 얼마나 자주 강화되는지에 따라 더 강해지거나 약해질 수 있지요.(그래서 그에 따라 기억들이 좀 더 선명하거나 흐릿해져요.) 그 기억을 좋아하든 싫어하든 최악의 일들은 가장 선명하게 기억에 남지요. 스트레스 호르몬의 폭발이 기억력 부스터이기 때문이에요.(장기 스트레스는 아니지만요.) 우리 몸이 이렇게 말하는 것과 거의 같아요. "와, 정말 끔찍해. 바라건대 미래에 피할 수 있게 기억해 두자." 그리고 매일 부르는 노래처럼 자주 연습하는 것은 시간이 흐르면서 강력한 기억이 될 수 있어요.

자, 누군가의 이름을 잊어버렸거나 퀴즈에서 보너스 질문에 답하지 못한 기억은 내버려 두고 지금에 집중해 볼까요? 바로 지금 여러분은 책을 읽으며 아주 적은 노력으로도 언제든 떠올릴 수 있는 많은 양의 정보를 저장하고 있어요. 우리에겐 믿기 어려울 정도의 데이터 창고가 있어요. 여러분이 예전부터 단어의 뜻을 암기했기 때문에 그 기억으로 이 책 역시 이해할 수 있지요. 중요한 사람을 기억하고 사회적 관계를 맺을 수 있는 이유이기도 해요. 그리고 스스로를 해치지 않고 일상의 하루를 버텨 내는 이유예요. 가스레인지는 뜨겁고 칼은 날카로우며 고양이의 꼬리를 잡아당기면 대학살을 초래하리라는 것을 기억하니까요.

우리는 기억을 지나치게 신뢰할 수 있어요.(보통 그렇지요.) 기억은 참으로 훌륭하고 우리의 반복되는 생존이 기억의 효과를 입증하지만 어쩌면 기억이 크게 틀릴 수 있다는 사실을 생각해 보는 것도 흥미로워요.

우리가 기억하는 내용이 정확하다는 보장은 결코 없어요. 기억은 나중에 불러올 수 있는 정보를 저장하지만 그 시스템은 왜곡에 취약하지요. 컴퓨터에 저장된 문서처럼 기억은 접속할 때마다 편집할 수 있어요. 사실 이야기를 다시 할 때마다 뇌는 방금 말한 내용으로 이전 내용을 덮어쓸 기회를 얻게 되어요. 그래서 어떤 면에서는 어떤 이야기를 다시 할 때마다 자기 자신과 전화 놀이를 하는 거예요. 전화 놀이[1]와 마찬가지로 대부분 원래의 의미를 온전하게 전달할 수도 있지만 터무니없게 바뀔 수도 있지요.

무언가를 잘못 기억하면서 자신이 옳다고 확신하기는 정말 쉬워요. 나는 어릴 적 기억이 형제자매의 기억과 섞였다는 것을 알아요. 언젠가 남자 형제가 몽유병으로 돌아다니다 자기 이불을 작은 장에 집어넣은 적이 있다고 확신했죠. 하지만 몇 년 후 그에게 "하, 너 완전히 이상한 짓 했던 거 기억해?"라고 말하자 그는 날 보며 말했어요. "야, 그건 너였어." 나는 더 깊이 생각해 보고 다른 가족들과 사실 확인을 한 후에 그 기억이 잘못된 것을 인정하고 기억 파일을 수정할 수밖에 없었어요.

---

1) 여러 명이 일렬로 서거나 원 모양으로 서서 어떤 말이나 문장을 다른 사람에게는 들리지 않게 조용히 다음 사람에게 전달하는 놀이_옮긴이

어쩌면 난 몽유병이었고 이야기의 핵심 사건은 완전히 의식하지 못하는 사이에 일어났기 때문에 용서받을 수 있을지 모르지만 내가 그 이야기의 중심에 다른 사람을 놓고 정리했다고 생각하니 불안해졌어요. 주변에 손쉽게 사실을 확인해 주고 바로잡아 줄 사람이 없다면 잘못 저장된 기억은 얼마나 많을까요?

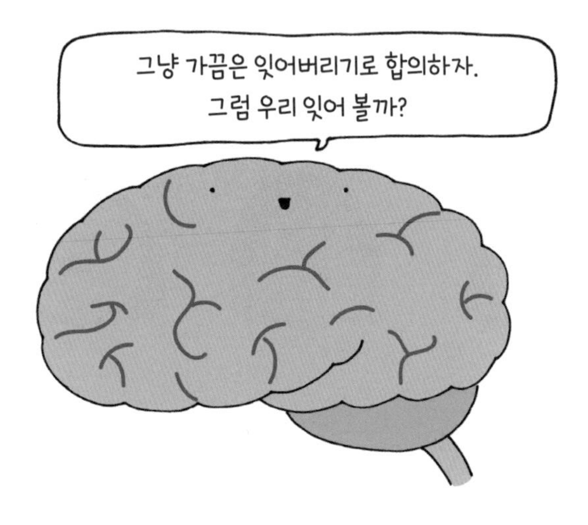

나는 (잘못 정리했던 몽유병 기억에도 불구하고) 일반적으로 기억력이 좋다고 자부하는데 이는 위험한 게임과 같아요. 나는 대화(또는 본 영화)의 세부 내용을 많이 기억하고 흥미로운 정보와 숫자를 쉽게 암기하는 편이라 생각하지만 스스로를 과대평가하고 있는 것일지 몰라요. 기억이 얼마나 믿을 수 없는지에 대한 최신 신경 과학 뉴스를 읽을 때 나는 오래된 원망이나 새벽마다 생각나는 당혹스러운 실수를 떠올려요. 그 원망이나 실수가 생각만큼 나쁘지 않았다면 왜곡된 기억이 나를 더 괴롭히는 것일까요? 몇 년에 걸쳐 반복하면서 원래 사건을 사실보다 더 나쁘게 만든 건 아닐까요? 불안한 기분에 휩싸여요. 모든 기억을 묶었던 밧줄을 풀고 과거가 중요하지 않은 척할 수도 없어요. 사진 같은 증거가 없는 한 나쁜 기억에 대해 가장 과학적으로 할 수 있는 일은 그 기억이 생각만큼 나쁘지 않을 수도 있다는 점을 인정하고 살아가는 것이 아닐까요.

정체성의 많은 부분이 기억과 깊은 관련이 있기 때문에 기억의 한계를 되돌아보는 것은 괴로운 일이지만 모두 같은 문제를 안고 있다는 것만 기억하세요. 그러니 자기 자신을 너그러이 봐주고 그때 한 번 여러분 이름을 잊어버린 그 사람을 용서하세요.

모두 내 맘 같다면!
충돌하는 성격

또 하나 신기한 점은 인간은 서로 뇌가 엄청나게 다르다는 거예요. 본질적으로 뇌는 모두 같은 방식으로 작용하는데 신경세포neuron가 메시지를 전달하는 화학물질을 보내는 거예요. 뇌의 일반적인 구성은 모두가 똑같아요. 바로 근육을 통제하는 운동 피질motor cortex, 우리의 행

동과 장래 계획처럼 재밌는 것을 지배하는 전전두엽 피질prefrontal cortex, 기억을 통합하는 해마hippocampus 그리고 시간이 부족해 다룰 수 없는 그 밖에 것들이요. 그런데도 같은 그림을 보거나, 같은 책을 읽거나, 같은 뉴스를 들은 두 사람의 생각이 엄청나게 다를 수 있어요. 그리고 동시에 모두 자기만 옳고 자신과 의견이 다른 사람은 어리석다거나 미쳤다거나 또는 정부가 주사한 나노봇nanobot에 의해 조종당하고 있다고 생각하지요.

이는 종종 좌절감을 주기도 하는데 특히 여러 사람의 의견을 모을 때 그래요. 하지만 나는 사람들이 그렇게 다를 수 있고 서로 다른 관점을 가질 수 있어서 다행이라고 생각해요. 다양성은 좋은 거지요. 특히 아이스크림 맛, 영화 캐스팅 그리고 우리의 뇌에 관한 한요.

생각해 보면 다양성이 있다는 게 유리할 수 있어요. 현재 상태는 부분적으로 이런 무작위성 덕분이에요. 사람들이 서로 다르지 않았다면 아마 불을 지피거나 바퀴를 만들거나 도르래를 사용하거나 피자를 만들 생각을 한 사람은 없었을 거예요.

여러 곳의 다양한 사람들이 제각기 다른 아이디어를 낸다면 그중에서 정답을 찾을 확률은 높아져요. 인간이 노력하는 여러 분야에서 다양성이 매우 중요한 이유 중 하나지요.

과학을 예로 들어 보죠. 아주 객관적이라고 평판이 나 있는 과학에 왜 다양성이 필요한지 궁금해하는 사람들이 있어요. 물론 과학에서는 결과를 얻기 위해 검증과 실험을 해요. 각 실험을 누가 수행하는지에 상관없이 그 결과는 같아야 합니다. 한 케이크의 조리법을 같은 방식으로 따라한 두 사람이 똑같이 좋은 케이크를 얻을 수 있어야 하듯이요. 하지만 과학은 단지 지시를 따르고 실험만 반복하는 학문이 아니에요.

과학은 주로 질문을 하고 그 질문을 시험할 방법을 찾는 학문이에요. 바로 여기서 다양한 관점과 아이디어, 경험이 필요하죠. 즉 다른 두뇌요. 사람들은 완전히 다른 질문을 생각해 낼 거예요. 그리고 다른 경험을 가진 사람은 다른 시험 방법을 생각할 수도 있지요. 정부, 교육, 산업, 그 무엇이든 인간 생활의 모든 영역에서 색다른 아이디어와 풍부한 통찰력이 필요해요.

때때로 나는 사람들이 이렇게 많이 다르지 않았다면 훨씬 더 자주 의견 일치를 이룰 것이고 더 나은 세상이 되었으리라 생각해요. 하지만 말도 안 되는 상상을 해 보죠. 만약 세상의 모든 사람이 여러분과 똑같다면? 만약 우리 모두 좋아하는 것과 싫어하는 것, 우선순위가 같아서 서로를 대신할 수 있다면요. 모든 식당에서 여러분이 좋아하는 음식을 제공하고 모든 책이 다 흥미롭다면 좋을지도 몰라요. 하지만 그땐 모든 것이 예측 가능해져서 지루해지기 시작할 거예요. 어떤 3부작 영화의 반전도 여러분을 놀라게 하지 못하겠죠. 게다가 이 가상현실에서 우리는 모두 같은 두려움, 약점, 편견도 공유하게 될 거예요. 세상에 나와 같은 사람만 존재한다면 소설을 쓰거나 야외 음악 축제에 가거나 소규모 양조장을 여는 사람은 없을 거예요. 하지만 나는 다른 사람이 그런 일을 한다는 것에 흥분해요.

아스파라거스 베이컨 말이나 소매 달린 담요 같은 것을 보고 "허, 그거 똑똑하군. 나는 절대 생각하지 못했을 텐데" 하고 생각해 본 적 있나요? 바로 그게 사람들이 아주 달라서, 그리고 모든 사람이 여러분과 같지 않아서 좋은 이유예요.(여러분도 충분히 멋지다고 생각하지만요.) 다양성은 중요해요. 단 한 사람, 단 한 유형의 사람이 모든 것을 하거나 모든 것을 상상할 수 없어요. 우리 모두 자신만이 떠올릴 수 있는 아이디어가 있답니다.

뇌는 우리를 어떻게 보호할까?

스트레스

우리 몸의 스트레스 시스템은 스트레스를 주는 사람만큼이나 짜증스러워요! 난 스트레스를 자주 받고 사람들에게 짜증도 많이 나기 때문에 그 분야에선 전문가라고 할 수 있어요. 불만스럽고 속상하고 구역질이 날 때도 있죠. 하지만 겉보기에 사람을 짜증 나게 하는 사람과 마찬가지로 관점을 달리하면 스트레스 시스템은 그렇게 나쁘지 않아요.

여러분에게 스트레스를 주는 무언가를 생각해 보세요. 발표, 높은 곳, 아는 사람이 친구 하나밖에 없는 큰 모임에 가기. 아마 심장이 빨리 뛰기 시작할 거예요. 입안이 약간 마를지도 몰라요. 긴장하게 되죠. 이런 일들이 일어날 때마다 나는 몸에게 어지러움 없이, 겨드랑이가 땀에 젖지 않은 채, 불편한 만남을 그냥 받아들이고 앞으로 나가게 해 달라고 항상 애원해요.

몸이 나를 구하기 위해 애쓰는 것이라 생각하면 때때로 도움이 되기도 해요. 항상 잘 통하는 건 아니지만요. 내 몸의 스트레스 시스템은 21세기 생활 방식에 적응하지 못했어요. 가벼운 사회적 스트레스일 뿐인데도 배고픈 사자와 맞닥뜨린 것처럼 받아들이고 아직도 야생에서 사는 것처럼 나를 보살피지요.

스트레스는 우리 몸에 실제로 어떤 변화를 일으켜요. 여러분이 위협을 감지하면 그 위협이 어떤 의미든 간에 몸은 혈류를 통해 이동하는 호르몬을 만들어 전신에 높은 단계의 경보를 내리죠. 마치 몸속에 '느긋'에서 '완전 기겁'으로 이동하는 스위치가 있는 것 같아요.

스트레스 스위치가 켜지면 심장은 빠르게 펌프질을 해요. 문제가 뭐든 여차하면 그 문제로부터 달아나 2킬로미터는 뛰어야 하니 분명히 근육에 많은 양의 산소가 필요해질 테니까요. 잠깐, 우린 정말 도망쳐야 할까요? 그렇지 않아요. 음, 그냥 혹시라도 달아나야 할지 모르니 심장은 계속 뛸 거예요. 그리고 우리의 모든 부분이 장기적 건강이 아닌 단기적 생존을 위해 음식 소화를 그만두죠. 지금은 파스타의 소화를 생각할 여유가 없어요. 5분 이내에 죽을 수도 있으니까요. 그 위협이 지나갈 때까지 보류하죠. 또한 땀의 생산량을 늘려요. 땀 속의 물이 증발하면 우리를 식혀 줄 테니까요, 그리고 말했듯이 우리는 위험

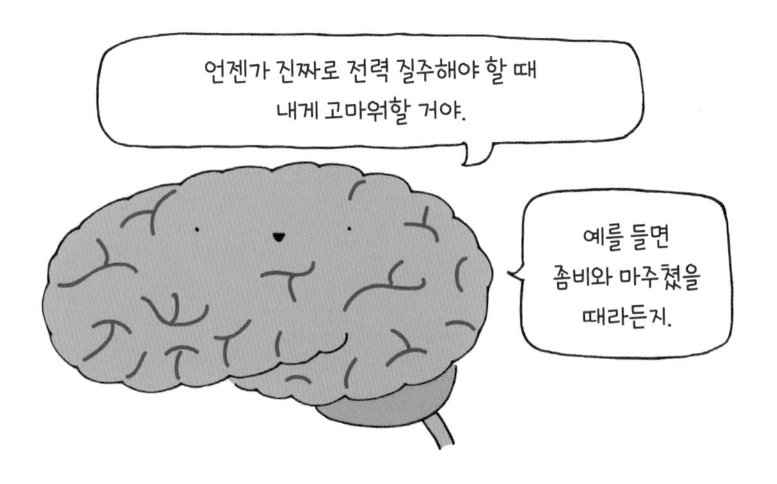

을 피해 곧 전력 질주해야 하니 모든 마라톤 시스템이 제대로 작동하도록 준비해요.

그래요, 이런 대비는 정말 고마운 일이에요. 만약 그런 일이 한 달에 한 번 정도라면 괜찮겠지만 매일매일 이런 스트레스를 받는다면 꽤 큰 피해를 줄 수 있어요. 즐거운 경험과는 거리가 멀지만 지나치게 활동적인 내 스트레스 시스템에도 감사하다는 말을 하고 싶어요. 스트레스 시스템은 자신을 돌보라고 일깨워 주지요. 그게 없었다면 지금 내가 어디에 있을지 누가 알겠어요? 내게는 편히 앉아 차 한 잔 마시면서 쉬라고 말해 줄 뭔가가 있어야 해요. 그렇지 않으면 아마 그렇게 하지 않을 테니까요. 나는 늘 죽도록 일하면서 쉴 때마다 죄책감을 느꼈을 거예요.

어쩌면 오래 계속되는 스트레스는 누적된 휴가 일수와 비슷할지 몰라요. 쉬어야 할 때를 알려 주죠. 몇몇 기술 회사에서 시행 중인 휴가 일수를 세지 않는 최신식 개념에 관해 들었어요. 휴가 일수에 제한을 두지 않아 더 많이 쉴 수 있도록 한다는 의도였어요. 하지만 또 어떤 일이 일어날 수 있는지 아세요? 어떤 사람은 받은 휴가 일수가 없으면 휴가를 덜 쓸지도 몰라요. 의심할 여지없이 내 편이 되어 줄 휴가 일수 기록이 없다면 회사에서 2주간의 휴가를 신청하는 건 힘들 거예요. 여러분도 어른이 되면 잘 알게 될 거랍니다.

따라서 스트레스를 느끼고 몸에 만성 스트레스 증상(두통, 피로, 변비, 불면증, 이런 매우 흥미로운 증상 중 뭐라도)이 나타나면 여러분의 몸이 아주 과보호적이고 매우 불쾌한 방법으로 여러분을 보살피려고 애쓰는 중이라는 걸 떠올리세요. 그리고 정신 건강의 날을 갖고 침대에서 좋은 책을 한두 권 정도 읽을 때가 되었다는 것을 기억하세요.

나의 정신 건강을 위해서!

뇌 돌보기

정신 건강과 자기 관리를 위해, 주름진 두개골의 신경세포 덩어리를 돌볼 수 있는 방법 몇 가지를 이야기해 보죠. 뇌는 상당히 튼튼한 두개골 안에 넣어져 용액 속에서 보호되지만 얼마나 부서지기 쉬운지 몰라요. 기억, 정체성, 감각 능력, 그리고 모든 인간 문명이 가능했던 건 고작 1.3킬로그램짜리 부드럽고 주름 잡힌 분홍색 조직 덕분이었어요.

우리 뇌는 매우 복잡해서 잘못될 수 있는 가능성도 많아요. 머리를 다치면 뇌 기능에 지장을 줄 수 있죠. 산소가 충분하지 않으면 세포는 죽을 수 있어요. 또 발작이나 뇌졸중은 뇌의 회로 일부를 손상시킬 수

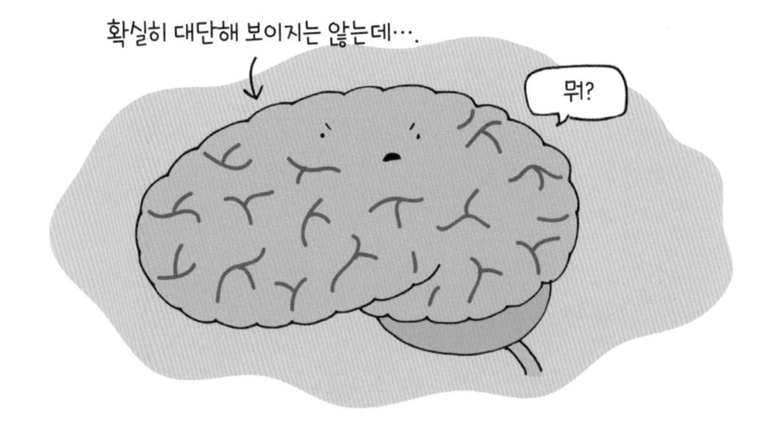

있어요. 하지만 가끔 뇌는 신체적인 외상을 입지 않고도 문제가 생길 수 있어요. 맞아요, 정신 질환과 질병을 말하는 거예요.

어떤 뇌가 우울증을 앓는 사람의 뇌인지 알 수 있어?

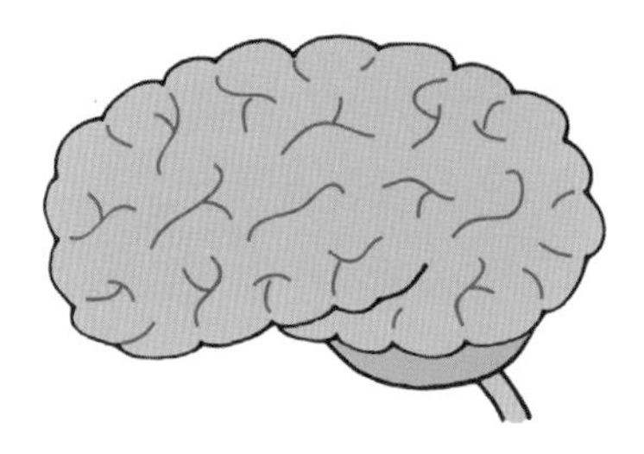

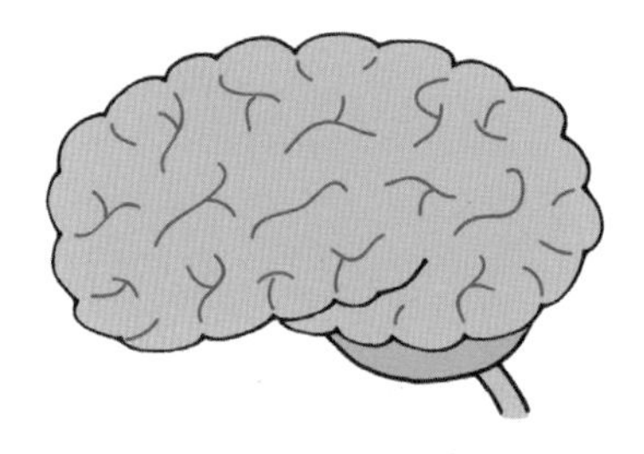

그건 나도 몰라!

정신 질환처럼 아주 흔하면서도 오해를 잔뜩 받는 건 없을 거예요. 진단할 수 있는 정신병은 수백 가지가 있는데 우울증이나 불안 장애도 그중 하나이지요. 수백만 명이 앓고 있어요. 하지만 이렇게 흔한 정신 질환인데도 의지력으로 극복해야만 하는 비정상이거나 부끄러운 것으로 취급받아요. 류마티스 관절염이나 제1형 당뇨병과 같은 만성질환을 앓는 사람에게는 절대 주지 않는 부담이죠.

솔직히 털어놓자면 내 뇌는 사실 이런 장애 중 하나인 우울증 진단을 받았어요.

하지만 선택권이 있는 시대에 사는 건 행운이에요. 나는 뇌에 대해 생각하는 것을 돕는 전문가와 만날 수 있어요. 과거에 가능했던 일은 아니지요. 만약 100년 전에 태어나 같은 증상을 경험했다면 내가 어떻게 되었을지 상상만 해도 몸서리가 쳐져요. 현재 내가 만나는 전문가는 머릿속 매듭을 풀고 명상 같은 기술을 전달하고 식단과 운동, 수면 같은 습관이 머릿속 '분홍색 젤리'에 어떤 영향을 미치는지 곰곰이 생각해 보는 것을 도와요.

그뿐 아니라 병을 앓는 환자들이 먹을 수 있는 약도 있어요. 즉 뇌가 특정 신경전달물질(뇌가 세포 사이에 신호를 보내기 위해 사용하는 화학물질)을 너무 많이 혹은 적게 만든다면 이를 조절하는 보충제를 먹으면 된다는 거지요. 누가 몸속의 화학물질이 몸에서만 만들어져야 한다고 하던가요? 매일 약을 먹는 것은 하루를 시작할 때 머릿속 거미줄을 걷어 내기 위해 커피 한 잔을 마시는 것과 크게 다르지 않아요.

하지만 질척질척하고 구불구불 접힌 기관이 작동하는 건 너무나 놀라운 일이고 우리가 그 기관을 돕기 위해 무언가를 할 수 있다는 것은 멋진 일이에요. 그러니 제발 나를 위한 최선의 일을 하세요. 그리고 다른 사람들이 그들 자신을 위한 최선의 일을 하도록 내버려 두세요. 만약 여러분의 정신 건강을 돌보는 일을 마음대로 판단하는 사람이 있다면 알려 주세요. 내가 머리통을 쳐 줄 테니까.

유전과 진화: 모든 생물을 잇는 거대한 가계도

30조 개의 각 세포(음, 그중 대부분)에는 데옥시리보핵산deoxyribonucleic acid, 즉 기다란 DNA 가닥이 있어요. 막대기처럼 생긴 이 분자에는 다음과 같이 여러분을 만드는 설명서가 들어 있지요. (1)생물 (2)동물 (3)호모 사피엔스라 부르는 종의 일원 (4)고유한 나 자신

이 분자는 지구의 생물이 정보를 저장하고 세대를 통해 정보를 전달하는 방식이에요. DNA는 구조가 비교적 간단하지만 수십억 년 동안 이 기능을 수행해 왔지요. 꼬인 사다리 모양이라고 해요. 옆면에는 당sugar과 인산염phosphate 그룹이 번갈아 있고 사다리의 계단에는 염기base 쌍이 있는데 아데닌adenine, 티민thymine, 시토신cytosine, 구아닌guanine 단 네 종류뿐이지요.

이 행성의 생물은 어떤 종이든 상관없이 전부 DNA를 가지고 있어요. 지구상의 모든 유기체가 공통으로 가지고 있는 몇 안 되는 것 중 하나지요. 동물인지 식물인지 균류, 세균, 고세균archaeon중 어디에 속

하는지는 중요하지 않아요. 전부 같은 언어인 DNA를 가지고 있죠.

정체성의 일부를 결정하는 이 분자는 우리를 많은 친척과 연결해 줘요. 우리가 모두 DNA를 가지고 있는 건 전부 연결되어 있기 때문이지요. 과장이나 은유가 아니에요. 그리고 '우리'라고 할 때 우리는 호모 사피엔스만을 의미하는 건 아니에요. 바나나, 버섯, 세균과도 친척이지요. 설사 너무 게을러서 다 세지 못할 만큼 많이 거슬러 올라간다하더라도 결국 그 조상은 같아요. 그리고 바로 이 순간 여러분의 세포에 있는 DNA에는 믿든 안 믿든 우리 진화의 역사와 공통의 조상을 추적하기 위해 사용할 수 있는 나선형 표식이 들어 있어요. 그러니 여러분이 DNA를 어디에서 얻고 DNA가 여러분과 지구상의 모든 생물을 어떻게 연결해 주는지 이야기해 보죠.

나만의 고유한 염기 서열을 갖다
DNA

여러분은 이 책을 골랐고 자발적으로 계속 읽는 걸 선택했어요. 인생에는 큰 결정과 일상과 관련된 사소한 결정 등 수많은 결정이 있어요. 이런 결정이 모여 여러분을 이 순간으로 이끌었지만 오늘 이 책을 읽고 있는 건 부분적으로는 DNA 때문이에요. 따라서 재미가 없다면 누구

를 탓해야 할지 알겠죠?

DNA는 여러분을 특별하게 만들어 '나'라는 특정한 브랜드를 만들어요. 지금 지구상에 수십억 명이 살고 있고 과거에도 있었지만 누구도 여러분과DNA 염기서열이 똑같지 않다는 것은 수학적으로 틀림없는 사실이지요. 적어도 이 한 가지 면에서는 각자의 독특함이 있네요.

DNA의 전체 집합인 게놈genome은 30억 글자에 달해요. DNA 사다리의 30억 계단은 여러분의 설명서를 구성하며 거의 모든 세포가 그 사본을 갖고 있어요.(주목할 점은 적혈구에는 없다는 거예요.) 30조 개의 세포 각각에 30억 글자가 들어 있지요. 이해하기에는 너무 큰 숫자예요. 여러분의 몸에 DNA가 그렇게 많은데 어떻게 다른 것을 위한 공간이 있는지 모르겠어요. 하지만 여러분만 그런 게 아니에요. 나 역시 30억 글자를 가지고 있죠. 모든 인간이 그래요. 같은 종끼리는 놀라울 정도

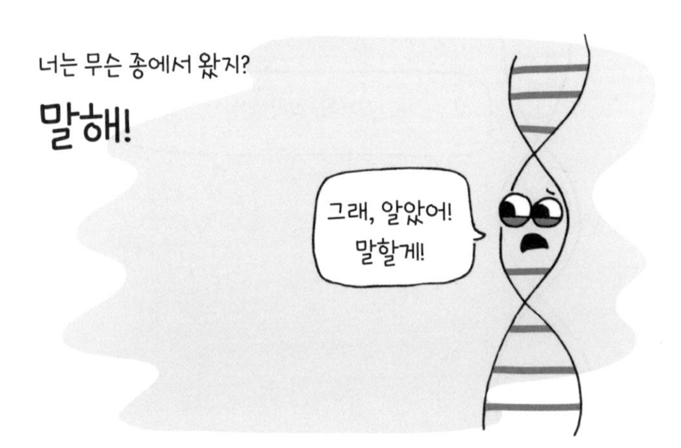

로 유사한 게놈을 가지고 있어서 오늘날 종을 결정하는 방법 중 하나가 게놈을 비교해 보는 것이랍니다.

이 DNA 분자는 여러분을 위해 많은 일을 하고 있어요. 여기엔 여러분을 (내가 되고 싶었던)코알라가 아니라 반드시 사람으로 성장하게 하는 정보가 있어요. 그리고 머리카락 색깔, 혈액형, 혀를 말 수 있는지 여부를 결정하는 단백질을 만드는 설명서를 가지고 있지요. 유전자 중 어느 부분을 사용하고 어느 부분은 무시할지를 결정하면서 게놈을 통제하는 DNA도 있어요. 예를 들어 손톱을 만드는 유전자는 손가락과 발가락에서는 활동적이지만 간에서는 그렇게 활동적이지 않아요.(정말 다행이죠.) DNA에는 그 용도가 완전히 수수께끼로 남아 있는 부분도 있지요. 워드 문서의 단락 부호처럼 다른 유전자를 위해 공백이나 구조를 지원하는 것일 수도 있고 아직 발견되지 않은 기능을 가지고 있을 수도 있지요. 누가 알겠어요? 여러분의 DNA가 미래에 과학적 발견을 불러올 열쇠를 쥐고 있을지.

여러분이 반항적인 스타일이라면 몸 안에 있는 분자가 여러분의 삶을 그렇게 많이 통제한다는 생각에 아마 발끈할 거예요. 맞아요, 내가 그렇거든요. 그래서 DNA가 전부는 아니라는 점을 언급해야겠어요. 경험과 먹는 음식(또는 먹지 않는 음식)부터 읽는 책과 아는 사람들 역시 우리 삶에서 큰 역할을 해요.

여러분이 자신을 복제할 경우 여러분과 같은 DNA 염기서열을 가졌지만 다른 경험에 노출된다면 그 사람은 다른 직업을 선택하거나 다른 악기를 연주하거나 다른 피자 토핑을 더 좋아할지도 몰라요. 아니면 가장 좋아하는 신발 브랜드까지 같을 정도로 여러분과 똑같이 생각하고 행동할 수도 있지요. 그건 알기 어려워요. 일란성 쌍둥이가 각각 다른 가정에 입양되면 놀라울 정도로 비슷한 삶을 살 때도 있고 그렇지 않을 때도 있는 것처럼요. 우리의 정체성이 얼마나 융통성이 없는가를 판가름하는 것은 서로 연결된 많은 유전자의 조화에 따라 부분적으로 결정되는 또 다른 문제이지요.

DNA에 관해 너무 오래 생각하다 보면 DNA가 몸 안에, 여러분을 여러분답게 하는 각 세포 안에 매일 함께한다는 사실을 잊기 쉬워요. 바로 지금 여러분이 이 페이지를 훑어보면서 이 기호들에서 의미를 찾는 동안 어떤 세포들은 사다리 계단을 검토하며 DNA 전체를 새로 본떠 DNA 사본을 만들고 있어요. 이런 과정을 거치면 세포분열로 2개가 된 세포 각각에 완벽한 DNA 사본을 나눠 줄 수 있지요. 그리고 DNA 사용 설명서를 펼쳐 보고 있는 세포도 있어요. 락타아제 효소lactase enzyme나 에스트로겐 수용체estrogen receptor, 헤모글로빈hemoglobin의 성분을 만드는 방법 같은 걸 찾기 위해서요.

자, 난 여러분을 잘 모르지만 여러분이 (복제 인간이 아니라면)두 사람에게서 DNA를 얻었다고 장담할 수 있어요. 보통 어머니와 아버지라고 부르는 분들이지요. 그러면 어머니와 아버지는 DNA를 어디에서 얻었을까요? 어머니와 아버지에게도 각각 DNA를 물려준 두 사람이 있고 그 둘은 또다시 각각 두 사람으로부터 받았어요. 이 명단은 끊임없이 계속되지요. 인간의 평균수명 때문에 우리는 대부분 부모님이나

조부모님까지만 떠올려요. 때때로 증조부모님까지 알 수도 있고요.(증조할머니는 내가 대학을 다닐 때 101세의 나이로 돌아가셨답니다.) 하지만 고조부모님에 대해서는 생각해 내기 쉽지 않고, 고조부모님의 부모님은 말할 것도 없죠. 우리가 태어나기 훨씬 전에 돌아가셨을 뿐 아니라 세대를 거슬러 올라갈수록 사람 수가 두 배로 늘어나면서 파악할 사람이 너무 많아져요. 나는 증조부모님 여덟 분의 이름은 알고 있지만 누군가 나를 붙들고 위협한다 하더라도 열여섯 분의 고조부모님에 대해서는 아무 말도 할 수 없을 거예요. 현조부모님 서른두 분에 대해서는 말하는 것도 잊어버릴 수 있어요. 그들은 완전히 수수께끼 같은 사람들이에요.

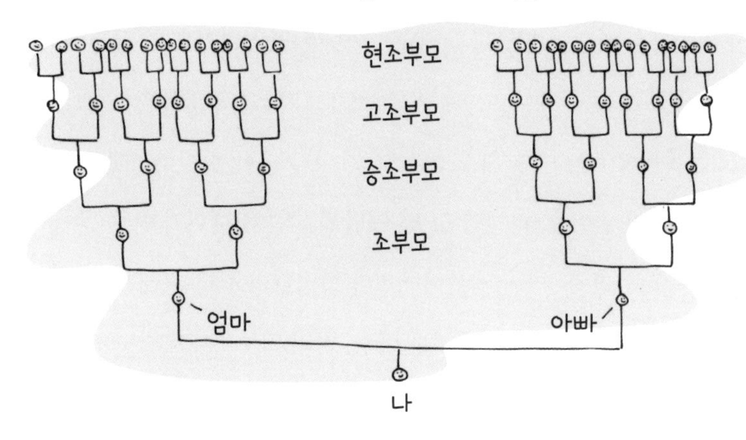

이렇게 조상은 기하급수적으로 증가해 불과 10세대만 올라가도 지구상에 나를 직계 후손이라고 주장할 수 있는 사람이 1,000명이 넘어요. 여러분이 이러한 조상의 증가 비율이 계속될 수 없다는 사실을 알아차렸을지 모르겠네요. 약 35세대 전으로 거슬러 올라가며 수를 계속 곱하면 지금까지 살았던 사람의 수를 초과해요. 이 수가 실제와 다른 이유는 간단해요. 가계도의 가지들이 근친교배inbreeding 때문에 겹치는 것이지요.

하지만 근친교배는 제쳐 놓고 여러분과 직접적인 관계가 있는 많은 조상을 생각하면 우리의 유산이 얼마나 놀라울 정도로 분산되어 있는지 잘 알 수 있어요. 인간들은 혈통을 아주 신뢰하지만 어느 정도 선을 넘어가면 조상이라고 주장할 수 있는 옛사람들의 수가 너무 많아서 거의 무의미해지죠.

《내셔널 지오그래픽》의 제노그래픽 프로젝트를 통해 내가 어떤 역사적 인물과 관련이 있는지 DNA로 알아낼 수 있었어요. 결과는 별 감흥이 없었죠. 듣자 하니 니콜라우스 코페르니쿠스(태양이 태양계의 중심이라는 것을 깨달은 수학자)와 나는 (1만 2,000년보다 더 전)빙하시대에 살았던 할머니가 같아요. 하지만 그 먼 옛날에 나는 할머니가 아주 많아서(훌륭한 사람이긴 하지만)코페르니쿠스와 할머니가 같다는 게 그렇게 감동적이지는 않아요. 또 빅토리아 여왕, 마리 앙투아네트(그리고 왕비의 엄마인 마리아 테레사), 나폴레옹, 벤자민 프랭클린과도 빙하시대 할머니가 같지요. 그들은 (극도로)먼 사촌들이에요.(하지만 서유럽 혈통을 가진 사람들 대부분이 그렇답니다.)

나폴레옹과 같은 할머니가 몇 명인지에 상관없이 여러분은 아주 오랫동안 이어진 조상들로부터 각 세포의 염기서열을 얻었어요. 어쨌든 여러분은 오직 하나뿐이면서 완전한 파생물이에요. 재활용되고, 용도 변경되어 온 게놈이 여러분이 한 선택과 더불어 지금 여러분의 모습을 만들었지요. 그리고 원한다면 유전자 배턴을 새로운 인간이나 인간 무리에 물려줄 수 있어요. 우리를 과거와 묶어 주는 이 분자에는 미래로 보낼 수 있는 염기서열도 들어 있죠. 이건 아마 우리와 가장 가까이 있는 시간 여행 기술일 거예요.

우리 중에 네안데르탈인이 있다?

인간의 진화

지난 몇천 년 전 살았던 많은 조상에 대해 생각해 봤으니 이제는 훨씬 먼 옛날로 거슬러 수십만 년 혹은 몇만 년 전 조상을 생각해 볼 시간이에요. 이렇게 멀리 거슬러 올라가면 가계도는 상당히 모호해지기 시작해요. 우리는 오래전 이 조상들이 정확히 어떻게 생겼는지 확실히 알지 못하고 아직도 이 혈통 연대표를 작성하고 있는 중이지요.

우리 종과 조상, 멸종된 친척들을 규정하기는 매우 어려워요. 이 말은 분류하기 어려운 유기체가 많다는 뜻이지요. 심지어 달팽이도 어디에 속하는지 파악하지 못하고 있어요. 하지만 인간은 유난히 까다로워요. 인간은 끊임없이 이동하며 주거지를 계속 바꾸고 있기 때문이지요. 때때로 단순히 다른 장소에 살면서 절대 접촉하지 않는다는 이유로 다른 종으로 분류하기도 하거든요. 아시아 코끼리와 아프리카 코끼리가 그 예죠. 이와 달리 모두 같은 지역에 살고 비슷해 보이는 종들도 사실 기린처럼 상호 교배하지 않는 다른 종일 수 있어요. 사람들은 기린이 한 종뿐이라고 생각했지만 네 종인 것으로 밝혀졌지요. 단지 알아차리지 못했을 뿐이에요.

인간은 특히 역사 내내 일을 어렵게 만들었어요. 인간은 이동했어요. 그 과정에서 이동하지 않았다면 쉽게 분리되었을 종과 아기를 낳

으며, 종의 장벽이 될 수 있었던 것을 뛰어넘었지요.

알다시피 오늘날 인간들은 모두 같은 종, 즉 호모 사피엔스지만 수천 년 전에는 같은 시기에 옆에 살던 다른 종들이 더 있었어요. 완전히 다른 종의 초기 인류들 사이에서 또 다른 인간의 공동체를 어떻게 구분하는가 하는 게 문제지요. 내가 결정하지 않아도 되는 문제라서 감사할 따름이에요. 인간의 조상은 말도 안 되게 복잡해요.

유인원과 닮은 조상이 다섯 단계 정도를 거쳐 서서히 직립하는 그림을 본 적 있나요? 인간의 진화를 선형적으로 보여 주는 이 그림이 널리 사용되면서 우리 조상은 많은 오해를 받고 있어요. 그래요, 시간이 흐르면서 사람들은 변해 왔어요. 여러분이 과거로 돌아간다면 오늘날의 유인원과 아주 비슷하게 생긴 조상이 있었던 시대에 도착할 거예요. 하지만 진화는 그 그림이 보여 주는 대로 개선과 동시에 복제를 하는 게 아니에요. 한 사람이 더 발전된 다음 사람을 만드는 게 아니지요. 진화는 전체 개체군과 함께 일어나고 시간이 흐르면서 공동체 전체의 유전인자에 서서히 변화가 일어나요. 우리 종의 가계도를 보여 주는 게 아니지요. 사실 진화를 보여 주기에는 가계도 역시 썩 좋지는 않아요. 가계도는 그동안 생물과 조상이 해온 복잡하고 혼란스러운 일에 비해 너무 깔끔하고 단정하기 때문이에요.

인간의 가계도는 야생에서 제멋대로 뻗어나가는 담쟁이덩굴에 가까워요. 덩굴은 서로 다른 방향으로 갈라지기도 하고 장애물에 부딪혀 멈추기도 하지만 깊이 파 내려가면 모두 같은 뿌리지요.

하지만 이런 식물 비유조차도 아쉬운 부분은 있어요. 가끔 별개의 가지들이 부분적으로 또는 완전히 다시 합쳐지기 때문이지요. 네안데르탈인*Homo neanderthalensis*이 아주 좋은 예랍니다. 한동안 네안데르탈인은 인간 진화의 핵심이었어요. 확연한 이마선과 두툼한 뼈를 가진 그들은 보통 동굴인cave man의 전형이었지요.(왜 우리는 비슷하게 동굴 여자, 동굴 십 대, 동굴 아기에 대해선 말하지 않는지 항상 궁금했어요.) 하지만 이 '멸종된' 초기 인간 집단에 대해 더 많이 알게 될수록 그들은 꽤 손재주가 있고 호모 사피엔스와도 상당히 우호적이었다는 것을 알게 되었어요. 유럽 혈통을 가진 많은 사람의 게놈에 네안데르탈인의 DNA 염기서열이 숨어 있다고 보는데 호모 사피엔스와 네안데르탈인이 함께 아기를 만들었다는 뜻이지요. 네안데르탈인이 멸종되었다고 하지만 그들의 DNA 조각들이 아직도 사람들 속에 살고 있으므로 '멸종'이라고 해도 완전히 끊어졌다고 할 수 없는 거랍니다.

네안데르탈인이 우리 종의 친척으로 가장 유명하지만 약 4만 년 전 아시아에는 데니소바인도 살았어요. 유럽인이 네안데르탈인의 DNA 흔적을 갖고 있는 것처럼 아시아인의 일부 공동체의 게놈에서는 데니소바인의 DNA 염기서열을 찾을 수 있어요.

이 말은 즉 타임머신을 타고 우리와 너무 달라서 아기도 만들지 못하고, 공동체의 일원이 될 수 없는 사람을 만나려면 얼마나 먼 과거로 가야 할지 모른다는 거지요. 하지만 만약 과거로 돌아가서 네안데르탈인과 어울린다면 먹이를 찾아다니고 털코뿔소를 사냥하는 사이사이 꽤 지루할지도 몰라요. 시간을 보내기 위해 이 책을 가지고 갈 것을 추천해요.

내 사촌이 바나나라고?
모든 생물의 연결 고리

우리 DNA에는 가까운 과거에서 얻은 기념품이 들어 있지만 수억 년처럼 훨씬 먼 옛날에 얻은 기념품 역시 들어 있어요. 우리 게놈을 비인간 종과 비교하면 찾을 수 있지요. 비교해 보면 어느 정도 겹치는 부분이 있는 것을 알 수 있어요. 예를 들어 우리는 바나나와 게놈을 약 60퍼센트 정도 공유한다고 추정하지요. 고양이와는 90퍼센트나 공유한답니다. 하지만 우리를 절반 정도 닮은 모습이 바나나의 모양은 아니죠. 또 고양이와 우리의 모습이 거의 비슷한 것도 아니고요.

우선 이런 통계는 게놈 전체가 아니라 단백질을 암호화하는 유전자 때문에 가능해요. 단백질 만들기에 관한 한 여러분이 어떤 종류의 생물이든지 간에 보통 같은 세포 기계와 단백질을 가지고 있어 동일한 기본 작업을 많이 해야 하지요. 우리는 모두 음식에서 영양분을 섭취하고 노폐물을 제거하는 작업을 해요. 또 DNA를 복제하고요. 세포가 둘로 쪼개져서 계속 살아갈 수 있게요. 알다시피 생물이 기본적으로 하는 일이죠. 바나나, 고양이, 인간. 세포의 세계로 파고들면 공통점이 많아서 이 일상적인 DNA를 많이 공유하는 게 이치에 더 맞아요. 자동차와 비슷하죠. 기본적인 차든 값비싼 차든 간에 좌석, 운전대, 창문이 있어요. 어쩔 수 없이 똑같은 구성을 가질 수밖에 없는 부분이 있어요.

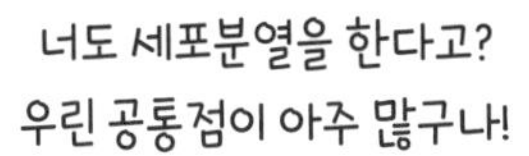

하지만 게놈 덕분에 바나나와 고양이, 인간은 자신의 모든 DNA 염기서열을 독립적으로 발전시키지 않았다는 대답에 도달하게 되었어요. 많은 DNA를 공유하는 것은 아주아주 오래전에 공통된 조상이 있었기 때문이에요. 헤모글로빈(산소를 운반하는 적혈구 세포 속 분자)을 암호화하는 우리 몸의 유전자는 식물에서 헤모글로빈을 암호화하는 유전자와 유사하지요.(그래요, 헤모글로빈이 있는 식물이 있어요.) 그건 우연의 일치가 아니고 헤모글로빈이 산소를 운반하는 유일한 방법이어서도 아니에요. 이런 형태의 유전자를 가졌던 조상을 공유하고 있고 아직도 같은 카드로 게임을 하고 있기 때문이에요.

그리고 비록 (아주 많은 유전자가 바나나와 같다는 것처럼)더욱 충격적인 일부 통계는 오해를 낳기도 하지만 난 그 통계가 허용하는 관점을 좋아해요. 우리를 다르게 만드는 것은 사실 아주 사소한 것이고 모든 게 우리의 준거 틀에 달려 있다는 것이지요. 세균을 연구하는 사람에게는 해면동물부터 코끼리까지 모든 동물이 거의 같아 보일 거예요. 하지만 유인원을 연구하는 사람들은 아마도 우리와 보노보 사이에 존재하는 몇 가지 차이를 생각하며 많은 시간을 보낼 거예요.

여러분은 우리가 바나나, 고양이(더 있지만 지금은 이 두 가지 예만 다루기로 하죠.)와 아주 많은 형질을 공유하기 때문에 이보다 공통점이 더 많은 동료 인간 사이에서 차이점을 찾는 건 터무니없는 일이라고 생각할 거예요. 불행히도 인간이 가장 좋아하는 취미가 차이를 찾는 거

예요. 이 취미가 자연계를 관찰하는 것뿐 아니라 다른 시도를 하면서 달라지는 것에 주목하는 과학적 방법의 기본인 만큼 많은 점에서 우리에게 큰 도움이 되었지요. 하지만 우리 자신에 적용해서 공통점이 아주 많은 사람들 무리와 다른 집단의 차이점을 찾아 구분 짓는 것은 어려워요.

정말 필요한 것은 우리의 모든 다툼을 하찮아 보이게 할 엄청나게 다른 존재예요. 나는 곧 인간을 싫어하는 외계인들이 군함을 타고 나타나리라는 희망을 계속 품고 있지요. 우리가 단합해 세계 평화를 이룰 유일한 기회예요. 단, 외계인을 물리친 후에요.(우리가 배운 교훈을 두 세대 정도면 다 잊겠지만요.)

난 우리가 아메바, 공룡, 달팽이의 친척이라는 사실을 기억하는 것만큼 아주 겸손해지고 위안이 되는 일을 찾지 못했어요. 미묘하게 공격적인 이메일을 보내는 동료와 동네 카페에서 줄을 설 만큼의 참을성을 가지지 못한 사람도 마찬가지예요. 우리를 구성하는 건 같지요. 시간과 공간을 통해 연결되어 있어요. 단 몇 차례 우연한 접촉이 일어나고 유전자 주사위를 굴리면서 큰 뇌와 사회적 기술을 가진 인간이 등장했고 인간은 문제를 해결하고 때로는 함께 일하며 중요한 일을 고민하고 다른 생물과 얼마나 연결되어 있는지 배울 수 있었어요. 쉽게 일어나지 않을 수도 있는 일이었지요. 여기 지구에 있는 동물의 지능을 진화시켜도 주변 환경을 엄청나게 변화시키고 불을 피우고 건물을 만들고 태양계를 떠나는 우주선을 만들리라는 보장은 결코 없어요. 만약 시간을 되돌려 지구 시뮬레이션을 다시 실행할 수 있다면 우리는 나타나지 않을 수도 있어요.

우리는 자신을 진화의 정점이라고 생각하거나 왠지는 모르겠지만 다른 생물에 비해 "더 진화했다"고 생각하지만 사실이 아니에요. 모든 생물은 같은 시간 동안 진화해 왔어요. 오늘날 해변에 있는 투구게는 4억 년 된 화석과 놀랄 만큼 닮았지요. 하지만 그 투구게는 우리보다 '덜' 진화하지 않았어요. 그저 경기 초반에 우연히 큰일을 해내서 달라질 이유가 없었겠지요. 투구게의 다른 혈통은 변화했고 새 틈새를 발견했으며 풍족했던(압도적인 수를 자랑하던) 것은 멸종되었어요.

손등의 세균, 반려견, 거리의 벚나무까지 주변에서 여러분이 보는(또는 보지 못하는) 모든 생물은 오래전에 연락이 끊긴 여러분의 친척들이에요. 친척으로 대하라고 하고 싶지만 대부분 7촌 친척에게는 생일 카드를 보내지 않는다는 걸 감안한다면 친구 정도로 생각하라고 말하고 싶네요.

개한테 무슨 짓을 한 걸까?
인간이 결정한 유전

DNA에 의해 통제되는 형질에서 가장 놀라운 한 가지는 비교적 쉽게 우리가 바꿀 수 있다는 점이에요. 개들을 보세요. 정말로 가장 가까이 있는 개를 당장 찾아서 봐 달라는 말이에요. 무슨 종인가요? 스패니얼, 테리어, 셰퍼드? 그 어느 종이든 그 생물은 몇백 년에서 몇천 년 전까지 어디에도 존재하지 않았어요. 놀랍지 않나요? 하지만 우리에게 무슨 문제라도 있는 걸까요? 우리는 왜 이렇게 새로운 개를 만들었을까요?

충분히 악의 없이 시작했을지도 몰라요. 단순히 '이 개는 이런 행동을 잘하네. 그럼 이 개의 새끼 역시 이 행동을 잘할 거야'라고 생각했겠죠. 사람들은 여러 세대에 걸쳐 번식시킨 후 개의 특정 형질을 발전시킬 수 있다는 것을 알게 되었어요. 그길로 털 색, 털 길이, 몸집, 보편적인 기질, 코 모양 모든 걸 만들고 바꿨지요. 일은 순식간에 걷잡을 수 없게 되었고 이제 우리에겐 간신히 숨을 쉴 수 있는 불독이 생겼어요.

뭔가가 유전적으로 변형된 것이라고 말하면 무조건 싫어하고 보는 사람들도 있지만 사실 우리는 오래전부터 어설프게 DNA를 손봐 왔어요. 이 분자가 무엇인지 알기도 훨씬 전부터요. 그러니 개인 사이의 DNA에서 작은 돌연변이가 어떻게 자연적인 변이를 일으킬 수 있는지는 더더욱 알 수 없었죠. 개가 그 증거지만 우리가 먹는 모든 음식도 마찬가지예요.

옥수수를 생각해 보세요. 타임머신을 다시 타고(이렇게 많이 사용할 줄이야. 나중에 정비를 받아야 할지도 모르겠네요.) 9,000년 전으로 거슬러 올

라간다면 세계 어디에서도 볼 수 있는 옥수수 속대를 찾을 수 없을 거예요. 맛있는 칩과 정크 푸드의 핵심 재료이며 뒷마당 바비큐의 주인공은 존재하지 않아요. 대신 자연적으로 존재하는 옥수수의 조상을 발견할 거예요. 옥수수 속대가 지금보다 훨씬 작고 알맹이는 얼마 안 되는데 단단한 표피에 쌓여 있어 몇 차례 세게 두드려서 깨야 볼 수 있지요. 수백에서 수천 년 동안 중앙아메리카 사람들은 이 옥수수 조상을 선택적으로 재배해서 오늘날의 식량 작물로 변화시켰어요. 콘칩을 먹을 때마다 존재하지 말아야 한다고 주장할 수도 있는 음식을 먹고 있는 셈이지요. 하지만 이 얼마나 마음에 드는 괴물인가요!

몇 가지만 더 말하자면 복숭아, 수박, 심지어 사과도 마찬가지예요. 수백만 년 동안 진화한 식물들은 오늘날 식료품점에서 볼 수 있는 것을 만들어 내지 못했지요. 그건 우리가 한 거예요. 나는 누구 못지않게 맛있는 가보토마토와 같이 잊혀진 작물에 관심이 있어요. 하지만 우리가 100년 된 변종을 왠지 '자연스럽다'고 생각하는 건(자연스럽다는 게 무엇을 의미하든 간에) 말도 안 되는 일이에요. 우리 음식은 대부분 치와와만큼이나 변형된 거예요.

다시 말해 요즈음 유전공학은 민감한 주제이지만 인간은 사실 식물, 개, 소, 닭 사이에서 어떤 개체가 자손을 남길 건지 선택함으로써 오랫동안 이 일을 해왔어요. 심지어 인간들도 짝을 고를 때마다 잠재적으로 인류의 유전적 미래를 생각하고 있지요.

그러니 옥수수를 먹고 개를 쳐다보며 만약 우리가 오래전 그 DNA에 새로운 요령을 가르치지 않았다면 둘 다 어떻게 존재했을지 생각해 보세요.

우리 몸에 밀항자가 있다
바이러스 DNA와 미토콘드리아

여러분의 특별한 DNA에 관해 많은 이야기를 했지만 그중 일부는 '여러분의 것'이 아니라는 점 또한 말해야겠어요. 여러분의 모습을 만드는 DNA 외에 다른 어떤 것, 즉 세포 안에 사는 작은 생물에 속하는 밀항 DNA가 있다는 뜻이에요. 미토콘드리아라고 불리는 것으로 상당히 별난 것이랍니다.

미토콘드리아는 수억 년 전 우연한 만남에서 온 유물이에요. 세포 속 이 성분은 독립생활을 하는 유기체였는데 유용한 에너지 저장 분자를 생산하는 능력으로 호사로운 실내 생활을 제공하는 더 큰 세포와 거래했어요. 미토콘드리아는 집고양이처럼 반쯤 길들인 거라 할 수 있겠네요. 우리를 위해 있지만 자신의 속셈도 가지고 있지요.

미토콘드리아는 우리의 것과 섞이지 않는 자신만의 DNA를 가지고 있어요. 세포가 분열할 때 만들어지는 2개의 딸세포에 미토콘드리아도 포함되지만 자신의 분열 일정은 스스로 정하지요. 그리고 미토콘드리아의 DNA는 우리 DNA처럼 각 부모로부터 반씩 받아서 섞는 게 아니라서 혈통을 연구하는 데 매우 유용할 수 있어요. 미토콘드리아는 전체를 통으로 구매하는 것이지요. 난자만 미토콘드리아를 사람(또는 고양이, 기니피그 등)이 될 단일 세포에 제공하기 때문에 여러분은 엄마로부터 미토콘드리아를 얻어요.

미토콘드리아는 바로 이 순간 여러분의 안에서 자신의 정체성을 유지하면서 세포를 돕기 위해 열심히 일하고 있어요. 꼭 필요한 일부분이지만 진정한 여러분의 것은 아니지요. 여러분은 오늘 남은 시간 동안 이 정체성 위기를 극복할 수 있어요. 이 세포 세입자 그리고 이 세입자가 여러분을 위해 하는 모든 일에 감사할 수도 있지요. 여러분의 DNA와 달리 이 선택은 모두 여러분 몫이에요.

잠깐만요, 더 있어요. 우리 몸속에는 미토콘드리아 DNA만 숨어 있는 게 아니에요. 과거 바이러스로부터 얻은 DNA 역시 가지고 있지요.

바이러스를 다루기 매우 까다로운 이유 중 하나는 바이러스가 자신을 복제하는 방법 때문이에요. 결코 생물이 아닌 바이러스는 다른 세포를 탈취해 자신의 명령을 따르기를 강요하며 번식해요. 여기엔 바이러스 유전자를 세포에 집어넣는 과정이 포함되지요. 바이러스가 우리 세포를 장악해 바이러스 게놈의 사본을 만드는데 그 과정에서 모든 것을 파괴할 때가 있어요. 하지만 바이러스가 우리 DNA에 유전자를 넣고 그 외에는 별다른 일을 하지 않을 때도 있지요. 그리고 때때로 그 DNA는 다음 세대에 전해질 수 있답니다.

인간 게놈의 8퍼센트 정도가 바이러스에서 왔어요. 몸을 강탈한다는 말처럼 들릴 수도 있지만 이 바이러스의 DNA 역시 우리를 현

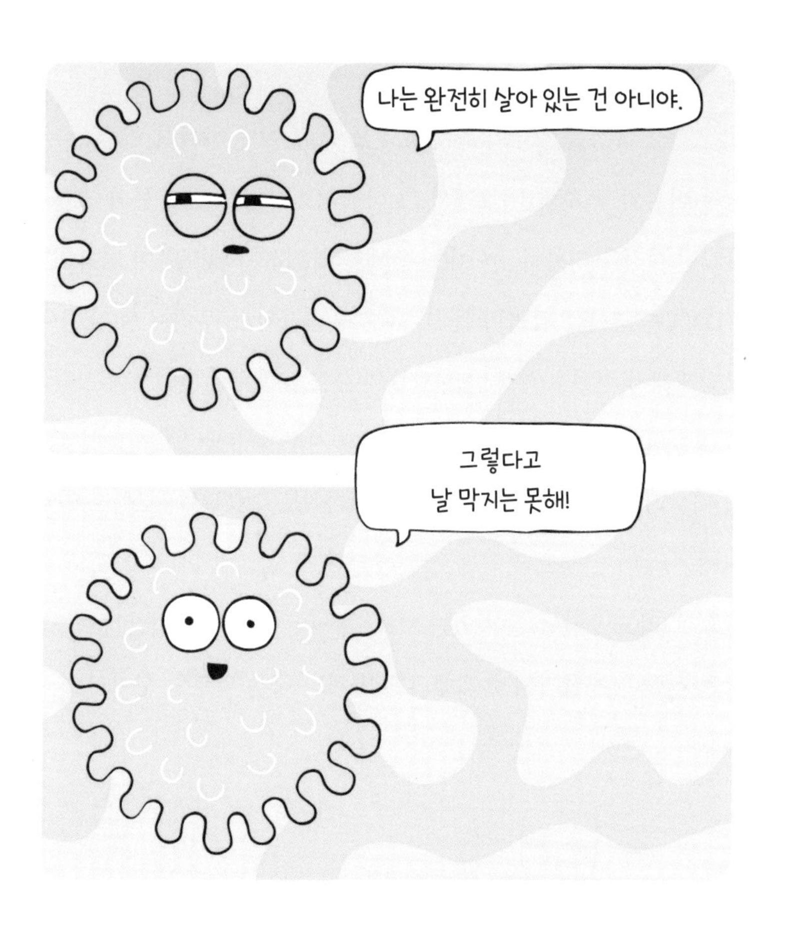

재 모습으로 만드는 일부지요. 어떤 바이러스 유전자는 자궁에 있는 작은 태아일 때만 가장 활동적인데 이는 그 바이러스가 성장에 중요하다는 의미일 수 있어요. 바이러스는 다른 생물의 진화뿐 아니라 우리 진화의 한 요인일 수도 있어요. 이런 바이러스가 없었다면 우리는 지금 여기 없었을 거예요. 그리고 덤으로 이 바이러스 유전자는 생명의 나무에서 가계를 추적하는 데 도움을 줄 수 있어요. 어떤 바이러스 DNA는 포유동물 모두가 공유하고 또 다른 어떤 바이러스는 포유동물과 어류가 공유해요. 그래서 그 바이러스가 주입된 공통의 조상이 살았던 시간을 정확히 찾아내면 관계를 확립하는 데 도움이 되지요.

DNA는 역사를 알려 주는 또 다른 방법이에요. 우리는 DNA를 부모님에게서 얻었고 부모님은 그들의 부모님에게서 얻었으며 그들은 또 그들의 부모님에게서 얻었고 이렇게 지구에서 생명이 시작될 때까지 거슬러 올라가요. 오늘날 지구에 살아 있는 여러분과 모든 단일 유기체는 끊이지 않고 성공적으로 번식한 조상들에게서 이어져 온 거예요. 그리고 오늘날 살아 있는 것들, 즉 세균에서 우리 인간에 이르는 모든 생물은 지금까지 존재했던 생명체의 극히 일부일 뿐이지요. 하

지만 오래전에 죽은 일부 유기체는 여전히 우리와 함께 있어요. 그리고 지금으로부터 수백 년 후 여러분의 어떤 작은 부분은 미래의 생물에 여전히 존재할 거예요. 비록 여러분에게 아이가 없거나 손자가 없을지라도 여러분은 여전히 유기체의 일부일 것이며 앞으로 계속 존재할 거예요.(아마도요.)

똥: 버릴 게 없는 우리 몸

똥은 대상에 따라 상대적이에요. 우리에겐 매우 불쾌한 존재지만 세균에게는 아주 기분 좋은 만찬이지요. 똥은 저평가받기 쉬워요. 분명히 대단해 보이지 않지만 우리가 매일 하면서도 깊게 생각하지 않는 수많은 일처럼 배설물은 알고 보면 정말 매혹적이에요.(겸손한 건 말할 것도 없고요.)

배설은 모든 생물이 고민해야 하는 문제예요. 물질을 밖으로 버릴 방법이 필요하지요. 단일 세포의 경우에는 그렇게 어렵지 않아요. 그저 세포막 밖으로 노폐물을 밀어내면 끝이니까요. 하지만 우리처럼 커다란 동물의 경우 기반 시설이 몇 가지 더 필요해요. 왜 그런지 모르겠지만 오랜 세월을 거쳐 우리가 선택한 방법은 똥과 오줌이에요. 우리는 이 방법으로 많은 것을 배설하지요. 평생 아주 많은 원자를 섭취하고 배설하기 때문에 이런 측면에서 따지자면 여러분은 처음과 같은 사람이 아니랍니다.

지금 가지고 있는 원자들도 영원히 여러분의 것은 아닐 거예요.(처음엔 '여러분의 것'이었다 하더라도요.) 개별 세포 일부가 죽고 여러분이 매일 원자들을 배설하기 때문만은 아니지요. 언젠가 여러분은 모든 원자를 팔려고 내놓을 거예요. 다시는 오줌을 싸고 똥을 누지 못하겠지요. 맞아요, 언젠가는 죽게 되죠. 하지만 죽는 게 그리 나쁜 일은 아니에요. 그러니 똥과 죽음, 부패 이야기를 해 보죠. 재밌을 거예요. 장담해요.

똥에 대한 새로운 소식이야
똥의 성분

삶은 항상 믿을 만한 것은 아니에요. 사실 때때로 혼란스러워 보일 수 있어요. 하지만 항상 진실일 수 밖에 없는 한 가지가 있지요. 우리는 모두 똥을 싸야 한다는 거예요. 심지어(혹은 특히) 공항에서 시간을 때우고 있을 때나 파티에 참석하고 있을 때, 친구와 호텔 방을 같이 쓰고 있을 때처럼 우리가 원하지 않을 때도요.

하지만 적어도 똥은 한결같아요. 걱정이 많은 내겐 믿을 수 있는 게 한 가지라도 있다는 게 얼마나 다행인지 몰라요. 아무리 친구들이 괴짜더라도, 세계정세를 예측할 수 없어도, 가정생활이 파란만장하더라

도 여러분(그리고 다른 모든 사람)은 변함없이 똥을 만들어요. 오늘 뭔가 생산적인 기분이 들지 않는다 해도 바로 지금 만들고 있는 똥을 생산 목록에 넣어도 되죠. 매력적이지는 않지만 중요한 거예요.

이제 본론으로 들어가 좋은 이야기가 시작되는 곳이자 똥의 시작점부터 이야기해 보죠. 매일 여러분은 입에 음식을 넣고 그 후 과정은 생각하지 않을 거예요. 내가 그렇거든요. 하지만 음식은 그 안에서 위장관 속을 꿈틀꿈틀 나아가죠. 그리고 여러분이 오후를 즐기는 동안 몸은 음식에서 가능한 한 많은 영양분을 추출하기 위해 최선을 다하는데 아마도 나처럼 점심에 정크 푸드를 먹었다면 특히 힘든 시간을 보내고 있을 거예요.

소화한다는 것은 무슨 의미일까요? 무언가를 분리하거나 부분적으로 파괴하고 유용한 것을 훔친다는 의미예요. 매우 파괴적이죠. 우리 몸은 음식을 아주 작고 작은 조각으로 쪼개요. 입에서는 음식을 짓이겨 곤죽같이 만들며 물리적으로 부수지만 남은 여정에서는 음식의 화학결합을 공격하는 산[acid]과 효소[enzyme]로 화학적으로 두들겨 패요.

지금 위 속의 위액은 음식에 산성 폭탄을 던져서 그 본질을 파괴하려 하고 큰 분자 내부의 결합들을 깨트려 덩어리를 작고 더 작게 쪼개서 그 조각들이 혈류 쪽으로 넘어가 몸 전체에 보급될 수 있게 해요. 개인적인 감정 때문이 아니라 단지 잘 싣고 가려 했을 뿐이지요. 여러분에게는 밥을 먹어야 하는 배고픈 세포들이 많아요. 몸은 매일 30조 개 세포 각각에 빠짐없이 밥을 주는 방법을 아는 음식 공급 전문가 같아요.

그래요, 정말 매일같이 몸은 화학물질을 사용해 우리가 먹은 음식물을 흠씬 두들겨 패요. 산만 작용하는 건 아니에요. 위 속에서 산으로 목욕한 후에 소장으로 이동해 간에서 만든 담즙이 뿌려지지요. 담즙은 반대로 염기성이에요. 담즙은 많은 일을 해요. 음식물이 위에서 얻었던 산을 중화시키고 지방 분해를 돕고 동시에 노폐물을 제거하지요. 정말 인상적이네요.

간은 끊임없이 혈액 속 물질을 여과해 담즙에 추가해요. 그렇게 여과한 폐기물 중 하나가 빌리루빈이에요. 이건 완전히 망가진 오래된 적혈구가 폐기될 때 만들어지죠. 빌리루빈은 매우 친숙한 물질이랍니다. 똥을 사랑스러운 갈색으로 만들기도 하거든요.

하지만 간은 단순히 똥을 염색하는 일만 하는 게 아니라 약물과 독

소를 비롯해 모든 종류의 분자를 분해해요. 아세트아미노펜(타이레놀) 같은 진통제를 복용할 때 그 약이 사라지는 이유는 대부분 간이 혈액에서 잡아채서 처리하기 때문이에요. 그래서 사람들이 자신의 몸에 있는 일반적인 '독소'에 대해 계속 걱정하거나 '디톡스'하고 싶어 할 때면 해 주고 싶은 말이 있어요. "걱정 마세요. 여러분은 간을 가지고 있답니다!"

타이레놀이 평생 고통을 덜어 주지 못하는 이유(멋지게 들리네요.)와 카페인(또는 알코올)의 효과가 몇 시간 후에 사라지는 이유는 간(과 신장)이 지속해서 정화 시스템을 가동하고 있기 때문이에요. 여러분은 그저 계속해서 물만 마시면 되지요.(그리고 타이레놀 같은 걸 지나치게 먹지 않아야 하고요.) 만약 여러분이 말하는 '디톡스'가 물을 충분히 마실 거라는 다짐이라면 그건 괜찮네요.

장에서 벌어지는 냄새 나는 일로 돌아가 보죠. 소화 시스템이 오늘 일찍이 먹었던 분자와 전쟁을 벌이는 동안 우리 몸이 사용하는 산성 폭탄과 효소, 기타 소화 전술을 겁내지 않는 별난 것이 있어요. 식물이 만드는 셀룰로스예요. 셀룰로스는 식물에 구조를 부여하는 단단한 분자로 줄기를 빳빳하게 하고 나무를 나무답게 만들지요. 우리는 흔히 섬유질이라고 불러요. 그리고 식단의 일부를 소화되지 않는 이 분자로 구성하는 것은 중요해요.

섬유질의 가장 이상한 점은 탄수화물과 매우 유사해 보인다는 거예요. 섬유질과 탄수화물은 둘 다 포도당 분자들이 연결되어 늘어서 있지요. 탄수화물starch은 우리 몸이 쉽게 부수는 결합으로 연결되어 있어서 우리는 포도당 분자를 전부 이용할 수 있는데, 결합에 많은 에너지를 저장하고 있어 수많은 다이어트 방법을 보면 무슨 수를 써서라도 탄수화물을 피하라고 지시하지요. 또 흔히들 다이어트를 하려는 사람에게는 "감자를 멀리하세요!"라고 말하곤 해요. 하지만 나는 반탄수화물론자의 주장은 절대 듣지 않아요. 나의 가장 좋은 친구 중 하

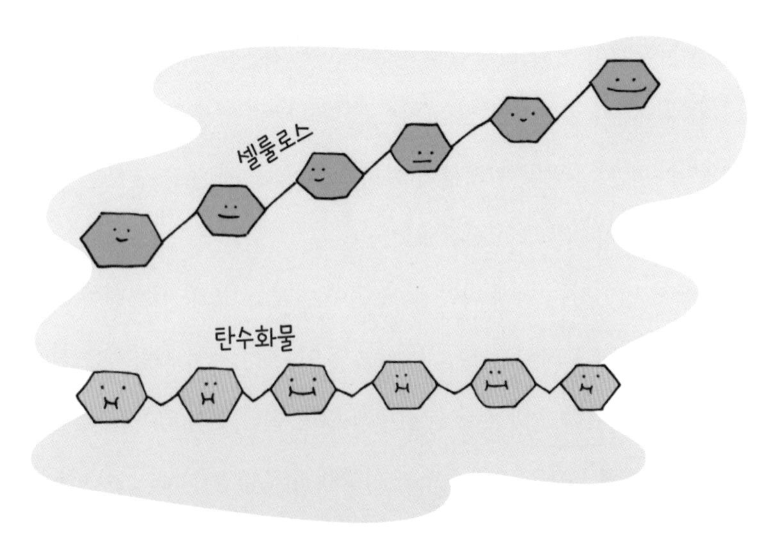

나가 감자거든요.

셀룰로스 역시 포도당 사슬로 이루어져 있지만 이 사슬은 우리가 끊을 수 없는 방식으로 연결되어 있어요. 소화관은 셀룰로스가 지나는 길에 가지고 있는 모든 것을 던지지요. 입은 씹어서 물리적으로 분해하고, 위는 산을 던져요. 하지만 셀룰로스는 이런 위협에 전혀 관심이 없어요. 변화 없이 나아가죠. 이 용감한 분자는 우리 식단의 중요한 부분입니다. 셀룰로스는 소화 시스템을 계속 움직이게 해서 장 속에서 정처 없이 떠돌지도 모를 물질들을 안내하는 역할을 해요. 그리고 셀룰로스는 똥의 부피를 키우고 부드럽게 해 음, 더 밀어내기 쉽게 만들죠.

똥에 가장 크게 기여하는 것은 찬양받지 못한 소화 영웅, 물이에요. 장에서 똥이 되기 전 소화된 음식물은 몸속을 흐르는 걸쭉한 강물 같은데 물은 섬유질처럼 장 속 물질이 이동하는 것을 도와요. 심지어 똥

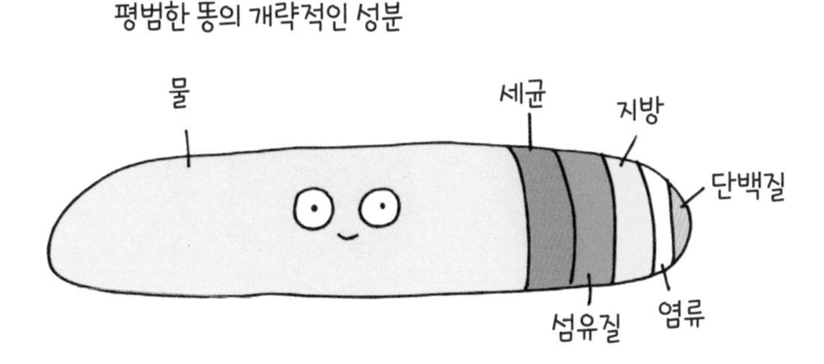

에 물이 적어서 배출이 어려울 경우 일어나는 상황을 설명하는 변비라는 단어도 있지요.

똥에는 우리가 먹은 음식물이 물리화학적으로 위협을 받은 뒤 남은 것들만 있는 건 아니에요. 훨씬 더 많죠. 배설물에는 내장에 거주하는 세균 같은 생물도 들어 있어요. 그 생물들이 그 상황을 어떻게 느낄지 생각해 보죠. 이 세균들은 우리 소화관에서 아주 행복해하며 살았지만 그중 일부는 매일 똥에 휩쓸려 강제로 몸 밖으로 나와요. 하지만 세균들은 아마 극복할 수 있을 거예요. 적어도 이런 일을 혼자 겪지는 않으니까요.

냄새가 그렇게 나쁘지 않았다면 우리는 아마도 똥을 더 높이 평가했을 거예요. 그 냄새는 주로 내장 속에 있는 세균 때문이지요. 음식을 먹은 우리와 마찬가지로 같은 걸 먹고 즐긴 세균 역시 똥을 싸요. 똥이

이중으로 만들어지는 것이지요. 특히 세균의 배설물은 썩은 달걀 냄새가 나는 유황이 있어 냄새가 심해요. 하지만 곰곰이 생각해 봐요. 본질적으로 악취라고 정해져 있는 건 없어요. 우리 뇌가 그 냄새를 감지하고 안 좋은 냄새가 난다고 해석하죠. 그 냄새가 좋지도 싫지도 않다고 생각하거나 심지어 아주 훌륭하다고 생각하는 생물이 있을 수도 있어요. 하지만 우리는 연상 작용과 유전적으로 물려받은 어떤 신경회로 때문에 끔찍한 냄새가 난다고 생각하지요. 이런 것들을 해롭다고 인식하는 것은 우리에게 도움이 되거든요. 똥 냄새가 좋다고 생각하는 사람이 있다면 어떤 일이 일어날지 상상해 보세요. 그들은 똥을 역겨워하지 않을 것이고 따라서 계속 주변에 놔두거나 아무렇지 않게 먹을 생각을 할지도 몰라요.(으, 너무 싫어요.)

다른 어떤 행성

일반적으로 우리 몸의 한 부분, 예를 들어 결장에 서식하는 뭔가가 몸의 다른 부분, 이를테면 눈이나 입속으로 들어갈 경우 치명적인 결과를 가져올 수 있다는 것은 사실 꽤나 이상하지요. 하지만 몸은 매우 명확한 기준을 설정해 두고 있어서 일이 순조롭게 돌아가려면 모두가 그 규칙을 지켜야 한답니다.

변기의 물을 내리기 전에 잠시 여러분의 몸이 피자와 아이스크림을 물-세균-셀룰로스 소시지로 변형시키기 위해 한 일에 박수를 보내세요. 똥은 모두를 평등하게 만드는 훌륭한 거예요. 아무리 부유하고 매력적이고 권력이 있다 해도 모두 뚫린 도기 의자에 앉아 어제 먹은 음식을 밀어내야 해요. 그리고 무슨 일이 있어도 반드시 고약한 냄새가 나죠. 돈이 아무리 많아도 이런 사실을 바꿀 수 없어요. 아, 그리고 사람들 앞에서 긴장될 때 속옷을 입은 그들을 상상하라는 오래된 충고는 잊으세요. 대신 변기에 앉아 있는 그들을 상상해 보세요. 훨씬 나을 거예요.

왜 오줌을 누어야 할까?

오줌의 생성

우리의 배설물 형태가 두 가지, 똥과 오줌이라는 건 짜증 나는 일인 것 같아요. 하루에 몇 번이나 오줌을 눠야 하는데 밖에서 중요한 일을 하는 동안에는 불편하고 번거로운 일이죠. 새들이 하는 식으로 이 두 가지를 한 번에 해결할 수는 없을까요? 새들은 배설하는 출구가 하나밖에 없어요. 아니면 적어도 하루에 한 번으로 끝낼 수는 없을까요? 그 대답은 너무나도 당연하게 안 된다는 거예요. 포유류는 노폐물을 두 가지 방법으로 배설하기로 결정했어요. 그래요, 우리는 이 방침을 계속 지킬 생각이에요. 제 역할을 꽤 잘 해내고 있는 것 같으니까요.

깔끔하고 깨끗하게 유지하기 위해 몸은 끊임없이 여과 시스템을 가동하기 때문에 우리는 계속 오줌을 만들어 내요. 노폐물을 한 지역으로 끌어와서 물로 희석해서 씻어 내지요. 우리가 집을 청소해야 하는 것처럼(난 충분히 하지 않지만요.) 우리 몸은 끊임없이 자신을 치워야 해요. 몸은 나보다 더 청소에 전념하니 다행이지요.

오줌에 관한 일은 모두 신장 덕분이에요. 신장은 간에 의해 작게 분해된 것뿐 아니라 물과 소금, 설탕 그리고 다른 작은 분자들을 제거하며 혈액을 끊임없이 거르고 있지요. 그렇다고 신장이 닥치는 대로 청소하면서 전부 제거하지는 않아요. 혈액 속의 전해질을 최적으로 유

지하면서 균형 상태를 유지하지요.

우리가 오줌으로 제거하는 것 중 중요한 한 가지는 바로 요소urea라고 불리는 거예요. 세포가 단백질을 분해할 때 질소가 들어 있는 노폐물이 생기는데 질소는 세포에서 암모니아(NH_3)로 변할 수 있어서 제거하기가 까다로워요. 고약한 냄새가 나는 청소 용품의 분자와 같은 이 물질은 위험해서 몸은 암모니아가 혈액 속에 떼 지어 떠다니는 것을 원하지 않아요.

세포들은 귀중한 에너지와 자원으로 골칫거리 암모니아와 싸우기보다는 질소를 요소로 바꿔요. 암모니아 분자 2개를 가져다가 탄소 원자 1개, 산소 원자 1개와 함께 족쇄를 채우지요. 족쇄를 채운 화학물질은 위험하지 않아 세포는 걱정 없이 실어 나를 수 있어요. 화학적으로 암모니아에 쇠고랑을 채워서 밖으로 나가는 길에 아무도 공격하지 못하게 하는 것과 같지요. 요소는 혈류를 안전하게 여행하고 신장을 통해 제거될 수 있어요.

신장은 또한 계속 이용할 수 있는 물이 얼마나 있는지 고려해야 해요. 혈액에는 사정 범위가 있어요. 물을 큰 컵으로 한 컵 벌컥벌컥 마시게 되면 혈액 속에 수분이 증가해서 신장은 수분을 뽑아내 오줌을 더 만들어요. 하지만 운동을 하면서 물을 충분히 마시지 않으면 신장은 가능한 한 많은 수분을 혈액 속에 남겨 둬야 하지요. 이렇게 말하니 이상하게 들리네요. 신장이 대체 이걸 어떻게 아는 걸까요? 음, 사실 신장은 몰라요. 물 분자가 자신이 어디 있는지 모르는 것과 마찬가지예요. 신장은 이 전체 여과 시스템을 통제하는 '스위치'를 바탕으로 일을

해요. 오줌을 만드는 과정은 화학적인 춤과 같아요. 대부분의 원리는 물의 특성과 물이 물질을 어떻게 녹이는지를 바탕으로 하지요.

탈수증세를 보일 때 신장은 어떻게 그것을 '아는지' 구체적으로 생각해 보죠. 이것은 우리 몸의 모든 화학작용이 작용하는 방법과 관련 있어요. 우리는 모두 몸속에 있는 것들의 농도를 알려 주는 방법을 가지고 있어요. 모두 분자 간의 우연한 만남부터 시작되지요. 수분의 양이 줄어들면 물속에 용해된 전해질의 농도가 높아진다는 뜻이에요. 전해질 농도가 높아지면 이를 알아채는 몸속 방아쇠와 상호작용하지요. 누군가 여러분에게 안대와 귀마개를 하고 강당에 있는 사람 수를 추정하는 일을 해내라고 지시한다면 어떨까요? 여러분이 할 수 있는 일이라고는 이리저리 돌아다니며 얼마나 많은 사람과 부딪쳤는지 말해 주는 것뿐일 거예요. 농도 측정을 담당하는 세포 속 분자도 같아요.

어쨌든 우연한 부딪힘이 탈수 상태와 일치하면 항이뇨 호르몬antidiuretic hormone이라고 불리는 호르몬이 분비되어요. 이러한 호르몬은 그 후 신장으로 가서 일련의 사건을 일으켜서 결국 더 많은 물을 남기고 농도 짙은 오줌을 만들게 하지요.

모두 숫자 게임이에요. 움직이는 화학물질, 우연한 부딪힘 그리고 확률. 우리 몸이 작동하는 근본적인 방법이죠. 사실 모든 생물이 작동하는 방법이기도 해요. 단백질이나 분자 하나는 무엇을 해야 하는지 '알지' 못하지만 우리 세포가 설정한 시스템을 사용해서 수십억 번의 우연한 부딪힘이 모든 것을 작동하게 만들어서 여러분이 계속 살 수 있고 오줌도 눌 수 있게 해요.

모두가 똥이 역겹다고 생각하지는 않는다

똥을 먹는 생물

배설물은 그것을 생산하는 몸속 시스템만큼이나 놀랍도록 매혹적이에요. 하지만 가까이하지 않는 것 또한 중요하지요. 변기가 제대로 작동하는 사람들은 운 좋게도 이런 생각을 많이 할 필요가 없지만 단수나 배관 문제가 생기면 배설물이 얼마나 골치 아픈지 금방 깨달을 수 있지요.

그래요, 똥은 매일 만들어지는 생물학적 위험 요소에요. 그냥 두면 여러분을 매우 아프게 할 수 있어요. 건강한 사람의 똥에도 살모넬라*Salmonella*와 대장균*E. coli* 같은 세균이 있어 식중독을 일으킬 수 있는데 특히 저녁을 먹기 전에 균들이 음식에 번지면 더욱 그래요. 똥은 또한 (바이러스에 의해 발생되는)A형 간염, 콜레라cholera 같은 (세균에 의해 발생하는)설사병, 지알디아Giardia 같은 (짚신벌레Paramecium와 아메바를 비롯해 주로 단세포생물의 다양한 집단인 원생생물에 의해 발생하는)장내 기생충을 퍼트릴 수 있어요.

그런데도 모두가 똥을 몹시 나쁘게 생각하는 건 아니에요. 분해자는 아주 좋아하지요. 분해자는 배설물 먹기를 좋아하는 생물에게 우리가 지어 준 사랑스러운 이름이에요. 분해자들은 그것을 배설물이라고 생각하지 않아요. 단지 먹을거리 중 하나일 뿐이지요.

세균, 일부 곤충, 균류가 분해 세계의 주요 선수들이에요. 우리는 우리와 다른 생물들이 만들어 내는 사체와 배설물을 모두 처리하기 위해 분해자에게 심하게 의존하지요. 분해자들은 사체와 배설물을 재활용해 이 모든 쓰레기를 사용할 수 있는 물질로 바꿔요. 만약 내가 야외에서 똥을 싸고 이 배설물을 오랜 시간 지켜본다면 서서히 사라지는 것을 확인할 수 있을 거예요. 똥 속 원자들이 많은 분해자에 의해 달라질 테니까요. 하지만 맹세컨대 난 이런 행동은 해 본 적이 없고 앞으로도 하지 않을 거예요.

하지만 인간의 생물학적 위험이 아닌 개는 뒤뜰에서 똥을 싸요. 대개는 그 똥을 줍지만 가끔 그대로 두면 서서히 사라져요. 똥 속의 수분은 증발해서 하늘로 떠오르다 수백 킬로미터 떨어진 사람들에게 비를 내릴 수 있는 구름에 합류할 수도 있겠지요.

그리고 세균과 균류는 똥 속의 탄수화물과 단백질도 우적우적 먹어요. 이 분자들의 일부 원자는 조립되어 이산화탄소가 되고 그 이산화탄소는 주변 식물로 들어가서 포도당 고리를 만들고 그 잎은 곤충에게 아삭아삭 먹힐 수 있지요.(그래요, 개의 배설물을 두고 이렇게 많은 생각을 한답니다.)

결국 여러분의 똥도 비슷한 결말을 맞이해요. 거대한 폐기물 처리장은 우리 똥을 먹은 후 '재사용할 수 있는' 다른 화합물로 변형시키는 아주 작은 생물에 의존하지요. 똥 속 원자는 그곳에서 그리 오래 머무르지 않아요.

결국 한 사람의 쓰레기가 다른 사람에게 보물인 것처럼 쓰레기는 보는 사람의 눈에 달려 있어요.(하지만 말 그대로의 상황은 결막염을 일으킬 수 있으니 꼭 손을 씻으세요.) 그리고 우리는 배설물을 너무나 사랑하는 분해자에게 매우 고마워해야 해요. 분해자들이 우리 뒤를 따라다니며 끊임없이 치워 주지 않는다면 우리는 상당히 많은… 가운데에 있어야 했을 거예요. 그거 말이에요.

언젠가 죽겠지만 괜찮아

죽음

여러분은 장의 움직임 하나하나에 고마워해야 해요. 언젠가는 마지막으로 똥을 누게 될 날이 오기 때문이죠. 배설물은 언젠가 우리 역시 같은 운명을 맞게 되리라는 것을 매일 일깨워 주지요.

하지만 잠깐만요, 여러분은 이전에 죽음에 대해 생각해 본 적이 있나요? 아니면 지금이 처음인가요? 나는 죽음을 끊임없이 생각해요. 죽음 전문가 같은 건 아니지만 취미 삼아 이따금 죽음을 곰곰이 생각해 보곤 하지요. 이번 생애에 내게 주어진 제한된 시간을 생각하고 그 시간으로 무엇을 하고 싶은지 고민하며 즐거운 시간을 보내면 삶의 의지가 샘솟아요. 그래도 〈못 말리는 패밀리〉[1]를 시즌 1에서 3까지 셀 수 없이 다시 보며 시간을 낭비하는 건 막지 못하지만요.

피할 수 없는 죽음을 떠올릴 때면 나는 대개 아흔다섯 살 정도 먹은 내가 아늑한 의자에 앉아 있는 모습을 상상해요. 특별히 누군가를 향하지 않고 〈퍼시픽 림(Pacific Rim)〉이 얼마나 좋은 영화였는지 중얼거리다 심장마비가 와서 (바라건대 빨리)죽어 가는 모습이지요. 마지막 말은 아마도 '시체 똥' 같은 말일 거예요. 하지만 오늘 차 사고로 죽을 수도 있고 아니면 내일 봉투에 든 상한 샐러드를 먹고 어이없이 죽을 수도 있어요. 아니면 아주 현실적으로 세포들이 멋대로 굴다가 암을 만

1) 부르스 컴퍼니 일가의 좌충우돌 이야기를 그린 미국의 코믹 드라마_옮긴이

들고 몸 전체로 퍼져 나가 모든 것을 정지시킬 수도 있지요. 죽음에 관해서는 선택지가 아주 많아요.

하지만 어떤 식으로든 언젠가 죽게 되리라는 건 의심할 여지가 없지요. 그래도 트랜스휴머니스트transhumanist가 주장하는 그런 것들은 전혀 검토하지 않을 거라고 장담해요. 사람들이 자신의 의식을 영원히 '살' 수도 있는 어떤 가상현실 같은 것에 업데이트하는 미래 말이에요. 아니면 죽어야 했던 사람의 죽지 않은 머리가 병 속에 떠다니는 일종의 〈퓨처라마(Futurama)〉[1] 같은 존재도요. 굉장히 끔찍하게 들리지 않나요? 사람은 죽는 것이 좋아요. 죽음은 다음 세대와 그 후손을 위한 공간을 마련하지요. 이기적으로 굴지 마세요. 고급 레스토랑에서 다른 사람들이 저녁을 먹을 수 있도록 테이블을 포기하세요. 하지만 지금 당장은 여러 이유로 내 스스로가 아주 잘 살아 있다고 생각해요. 심장은 혈액을 몸 여기저기로 펌프질하고 폐는 규칙적으로 공

1) 3,000년 동안 냉동 기계에 들어갔다 깨어난 주인공 프라이가 미래에서 겪는 이야기를 그린 애니메이션_옮긴이

기를 빨아들이고 간은 독소를 분해하고 신장은 혈액을 여과하고 있지요. 그러는 동안 뇌세포들은 자기들끼리 떠들고 있어서 이 문장을 쓸 수 있어요. 살아 있음의 표준이라 할 수 있답니다. 여러분도 이런 상태일 거라 아주 자신 있게 말할 수 있어요.

하지만 언젠가는 그 시스템 중 하나가 작동하지 않을 거예요. 결국에는 전부 다 작동하지 않게 될 테고 죽을 거예요. 내 몸이 물고기 떼에 잡아먹히거나 완전히 타 버리지 않고 비교적 온전하다고 추정해 보죠.(위안이 되는 생각이죠.) 난 죽었고 멀쩡하게 시체가 있어요. 또 장례 산업의 새롭고 혁신적인 방법을 피해 오래된 방식으로 분해된다고 가정해 보죠. 산소에 굶주린 개별 세포는 죽어서 떨어져 나가요. 몸이 액체로 변하기 시작하죠.

무슨 일이지?
산소 배달이 왜 이렇게 늦어?
심장이 멈췄나 봐.
우린 조금 이따가 죽을 거야.
오… 이런.
음, 너를 알게 되어
좋았어.
나도 널 만나 기뻤어.

일부 부패 과정에는 부패하는 내내 몸과 몸 안에 있던 세균이 함께 해요. 굶주린 집고양이처럼 세균들은 날 먹기 시작해요. 더 이상 규칙적으로 먹이를 공급받지 못하기 때문이에요. 날 보호했던 면역 세포가 사라졌고 어디를 보아도 연약한 세포뿐이니 뷔페가 열린 셈이죠.

현재 우리 문화에서는 설사 죽었다고 해도 아무도 우리를 먹지 않기를 바라요. 이런 일이 일어나지 않도록 분해자들이 싫어하는 화학물질을 몸속에 순환시키거나 시체를 태우고 재로 변형시키며 극단적으로 노력하기도 해요. 정말로 분해자를 무시하지요.

하지만 난 죽으면 자연스럽게 땅에 묻히고 싶어요. 세균과 다른 분해자에게 먹혀도 상관없어요. 내가 쌌던 모든 똥과 같은 길을 가고 싶어요. 재활용되어 새로운 게 되는 것이지요. 내가 죽는 순간의 바람은 우주에서 빌려 온 원자를 가능한 한 빨리 돌려주는 거예요. 나는 원자적으로 급한 성격 같네요.

결국 원자는 무슨 일을 겪을까?

원자의 재활용

죽음 후엔 어떤 점이 가장 멋있을까요? 내 몸이 이산화탄소, 물, 메탄 같이 훨씬 단순한 분자가 되기 시작하면서 다른 생물이 사용할 원자와 분자를 공급할 수 있다는 점이에요. 내 탄소를 식물이 사용할 수도 있지요. 내 물은 균류 군집의 밑바탕이 될 수도 있고요. 뼈의 칼슘은 달팽이가 껍질을 만드는 데 사용할 수도 있고 아니면 지구의 지각에 있는 바위에 통합되어 수백만 년 동안 그대로 있을 수도 있어요. 어떤 방법으로든 원자들은 모두 어딘가에 이르게 될 거예요.

아주 튼튼한 관 속에 묻힌다면 그 원자들을 꽤 오랫동안 붙잡아 놓을 수 있을 거예요. 하지만 난 그 원자들을 가둬 놓을 계획이 없어요. 여러분이 원자 수집을 굉장히 좋아한다 해도(괜찮아요. 원자들과 시간을 더 보내야 한다면 이해해요.) 영원한 것은 아무것도 없지요. 설사 역사상 가장 단단한 관 속에 있다 하더라도 결국 묻혀 있는 땅이 변하게 될 거예요. 싱크홀에 빠질 수도 있고 석유 매장 층이 관을 차지할 수도 있죠. 만약 단층 근처에 묻힌다면 지진이 관을 반으로 나눠 버릴 수도 있어요. 몇십억 년 후에는 심지어 다른 지각판 밑으로 밀려 내려가 대리석처럼 (어쩌면 그 안에 여러분의 화석을 가진)변성암이 될 수도 있어요.

좋아요, 여러분이 앞으로 50억 년 정도 어떻게든 원자를 계속 갖고 있다고 해 보죠. 그때 우리 태양은 적색거성으로 팽창되고 그 과정에서 지구를 튀길 거예요. 그러면 여러분은 가장 확실하게 재활용될 거예요. 우주먼지가 되어 우주에서 빙빙 돌다 새 태양계에 들어가겠지요. 아마도 여러분의 원자 일부는 태양이나 혜성, 행성으로 가게 될 겁니다. 어쩌면 그 새 행성은 생명을 품을 수 있을 것이고 여러분의 원자 중 일부는 우리가 상상하지 못했던 외계인에게 사용될 거예요. 이런 식으로 결국 재분배될 것입니다. 아무리 애를 써도 원자를 영원히 붙잡고 있을 수 없어요.

물질의 연속성은 우리 우주 전체를 움직이는 거예요. 아무것도 사라지지 않아요. 이리저리 이동하며 바뀔 뿐이죠. 세상이 절망적으로 보이고 여러분의 삶이 제대로 된 길에서 빗겨 났다고 느낄 때 이 생각을 하면 위안을 얻을 수 있어요. 상황은 바뀔 수 있지만 어떤 것도 진정으로 파괴될 수는 없어요.

지구에서 우리가 보내는 시간은 지구의 긴 역사에 비하면 깜박거리는 신호 정도일 뿐 영원하지 않아요. 그러니 우주로부터 빌린 원자를 가지고 있는 동안만이라도 최대한 이용해 보세요. 할 수 있는 일은 그뿐이에요. 그러면서 대부분 비어 있는 그 원자들에 감사하세요. 우리 행성에 의해 요리된 원자든 여러분이 먹는 음식을 만드는 식물의 원자든 아니면 수십억 년 전 유기체로부터 여러분에게 계속 전해 내려와 몸속 DNA 염기서열을 만들기 위해 배열된 원자든 말이에요. 그리고 움직이고 호흡하며 세포의 배설물 처리를 생각하는 여러분의 친구를 잘 대해 주세요. 우리는 모두 지구의 자전을 버티면서 태양에서 오는 복사선에 흠뻑 젖고 우주의 새벽에서 오는 전파를 받으며 우리가 찾을 수 없는 암흑 물질에 둘러싸인 채 알맞게 수분 유지를 하려고 할 뿐이에요.

이 모든 게 놀랍지 않나요?

참고문헌과 관련 도서

리처드 울슨, 심경무 옮김, 《핵심물리학Essential University Physics: Volume 1》, 청문각, 2020
에드 용, 양병찬 옮김, 《내 속엔 미생물이 너무도 많아I Contain Multitudes: The Microbes Within Us and a Grander View of Life》, 어크로스, 2017
존 그로트징거, 토마스 조단, 이희형 옮김, 《지구의 이해Understanding Earth》, 시그마프레스, 2018
Chalabi, Mona. "What Are the Demographics of Heaven?" FiveThirtyEight, October 14, 2015. https://fivethirtyeight.com/features/what-are-thedemographics-of-heaven/
Eschner, Kat. "There Are Four Giraffe Species—Not Just One." Smithsonian.com, September 12, 2016. www.smithsonianmag.com/smart-news/there-are-fourgiraffe-species-not-just-one-180960411
Friedland, Andrew, Relyea, Rick, and Courard-Hauri, David. Environmental Science: Foundations and Applications. W.H. Freeman and Company: 2012.
Gazzaniga, Michael S., Ivry, Richard B., and Mangun, George R. Cognitive Neuroscience: The Biology of the Mind, 4th Edition. W.W. Norton & Company: 2014.
Human Origins Initiative. "What Does It Mean to Be Human?" The Smithsonian Institution's National Museum of Natural History. http://humanorigins.si.edu
Reece, Jane B., Urry, Lisa A., Cain, Michael L., Wasserman, Steven A., Minorsky, Peter V., and Jackson, Robert B. Campbell Biology, 10th Edition. Pearson: 2013.
Tro, Nivaldo J. Chemistry: A Molecular Approach, 4th Edition. Pearson: 2017.
Zimmer, Carl. "Ancient Viruses Are Buried in Your DNA." The New York Times,October 4, 2017. www.nytimes.com/2017/10/04/science/ancient-virusesdna-genome.html

교과 연계

1장 원자: 엄청나게 작은 구성 요소

중1 과학 V 물질의 상태 변화
중2 과학 I 물질의 구성
중2 과학 II 전기와 자기
중2 과학 VI 물질의 특성
중2 과학 VIII 열과 우리 생활
중3 과학 I 화학 반응의 규칙과 에너지 변화
중3 과학 III 운동과 에너지
중3 과학 VI 에너지 전환과 보존

2장 파동: 질서 있는 전자기파 스펙트럼

중1 과학 II 여러 가지 힘
중1 과학 VI 빛과 파동
중2 과학 II 전기와 자기
중2 과학 III 태양계
중2 과학 V 동물과 에너지
중3 과학 II 기권과 날씨
중3 과학 VII 별과 우주

3장 지구: 대기, 자기장, 표면으로 이루어진 행성

중1 과학 I 지권의 변화
중1 과학 V 물질의 상태 변화
중1 과학 IV 기체의 성질
중1 과학 VI 빛과 파동
중2 과학 II 전기와 자기
중2 과학 III 태양계
중2 과학 IX 재해, 재난과 안전
중3 과학 II 기권과 날씨
중3 과학 VI 에너지 전환과 보존

4장 지구의 암석: 지질학, 지구의 역사와 함께한 원소들

중1 과학 Ⅰ 지권의 변화
중1 과학 Ⅴ 물질의 상태 변화
중1 과학 Ⅵ 빛과 파동
중2 과학 Ⅰ 물질의 구성
중2 과학 Ⅶ 수권과 해수의 순환
중2 과학 Ⅸ 재해, 재난과 안전
중3 과학 Ⅱ 기권과 날씨
중3 과학 Ⅵ 에너지 전환과 보존

5장 광합성: 한 포기의 풀도 할 수 있는 굉장한 일

중1 과학 Ⅲ 생물의 다양성
중2 과학 Ⅲ 태양계
중2 과학 Ⅳ 식물과 에너지
중2 과학 Ⅴ 동물과 에너지
중2 과학 Ⅶ 수권과 해수의 순환
중3 과학 Ⅵ 에너지 전환과 보존

6장 물: 생명이 가능했던 이유

중1 과학 Ⅴ 물질의 상태 변화
중2 과학 Ⅰ 물질의 구성
중2 과학 Ⅴ 동물과 에너지
중2 과학 Ⅵ 물질의 특성
중2 과학 Ⅶ 수권과 해수의 순환
중3 과학 Ⅱ 기권과 날씨
중3 과학 Ⅳ 자극과 반응

7장 세포: 독립형 단세포에서 다세포인 사람까지

중1 과학 Ⅲ 생물의 다양성
중2 과학 Ⅳ 식물과 에너지
중2 과학 Ⅴ 동물과 에너지
중3 과학 Ⅳ 자극과 반응
중3 과학 Ⅴ 생식과 유전

8장 뇌: 놀라운 신경 과학의 비밀

중2 과학 Ⅴ 동물과 에너지
중3 과학 Ⅳ 자극과 반응
중3 과학 Ⅴ 생식과 유전

9장 유전과 진화: 모든 생물을 잇는 거대한 가계도

중1 과학 Ⅲ 생물의 다양성
중1 과학 Ⅶ 과학과 나의 미래
중2 과학 Ⅳ 식물과 에너지
중2 과학 Ⅴ 동물과 에너지
중3 과학 Ⅴ 생식과 유전
중3 과학 Ⅷ 과학 기술과 인류 문명

10장 똥: 버릴 게 없는 우리 몸

중1 과학 Ⅴ 물질의 상태 변화
중2 과학 Ⅰ 물질의 구성
중2 과학 Ⅳ 식물과 에너지
중2 과학 Ⅴ 동물과 에너지
중3 과학 Ⅰ 화학 반응의 규칙과 에너지 변화
중3 과학 Ⅳ 자극과 반응
중3 과학 Ⅵ 에너지 전환과 보존

NASA 연구원에게 배우는

중학 과학 개념 65

초판 1쇄 발행 2020년 5월 25일

지은이 케이티 메키시크
옮긴이 서효령
펴낸이 김한청

책임편집 김은영 **편집** 김지민
표지디자인 김은지
본문디자인 이신애
마케팅 최원준, 최지애, 설채린
펴낸곳 다른미디어

출판등록 2017년 4월 6일 제2017-000088호
주소 서울시 마포구 동교로27길 3-12 N빌딩 2층
전화 02-3143-6477 **팩스** 02-3143-6479 **이메일** khc15968@hanmail.net
블로그 blog.naver.com/magicscience_pub **페이스북** /magicsciencepub

ISBN 979-11-88535-18-7 43400

* 이 도서의 국립중앙도서관 출판예정도서목록(CIP)은 서지정보유통지원시스템 홈페이지
(http://seoji.nl.go.kr)와 국가자료공동목록시스템(http://www.nl.go.kr/kolisnet)에서
이용하실 수 있습니다.(CIP제어번호: 2020018497)